岩波科学ライブラリー 232

アルキメデス
『方法』の謎を解く

斎藤 憲

岩波書店

まえがき

アルキメデスは間違いなく古代で一番有名な数学者ですが，同時に天才的な技術者であったと言われます．彼が作ったと伝えられるクレーンや投石機などの機械は，実物どころか，絵さえも残っていませんが，我々が伝承を信用するのは，現存する彼の数学的著作に，機械に不可欠な梃子の原理や浮力の原理を扱ったものがあるからです．

その中でも代表的なものが本書の表題にあげた『方法』という著作です．これは 1906 年に発見され，その後行方不明になり，1998 年に再び研究者の前に現れたといういわくつきの資料ですが，梃子の原理を駆使して面積・体積や重心を導出するものです．この著作こそが，伝説的な技術者と，難解な著作で知られる数学者というアルキメデスの 2 つの側面を結びつけてくれるのです．

本書の中心となるのは，この『方法』の最近の解読成果です．これによって数学史全体におけるアルキメデスの評価も大きく変わりそうです(第 6 章)．本書の他の章の構成を簡単に紹介しましょう．最初に技術者アルキメデスの逸話を彼が生涯を送ったシュラクサイの歴史とともに紹介し，種々の逸話をその真偽とともに再検討します(第 1, 2 章)．次に著作『方法』を含む C 写本の劇的な発見・消失・再登場の物語を，最新の情報を含めて紹介します(第 3 章)．第 4 章からは数学的内容に入り，従来から知られていたアルキメデスの面積・体積の決

定法とその発展をたどり(第 4, 5 章)，本書の中心をなす，『方法』の解読結果から，アルキメデスの評価を再考する第 6 章に続きます．最後の第 7 章はアルキメデスの近代数学への影響をまとめます．

　本書は当初，2006 年に上梓した『よみがえる天才アルキメデス』(岩波科学ライブラリー)の改訂版として準備したものですが，アルキメデスの死をめぐる状況の再検討(第 1 章)や，著作『方法』の末尾の失われた部分の推定(第 6 章)など，旧版にはなかった最新の成果を多く含みます．旧版で残した謎のかなりの部分を解決したというささやかな自負をこめて，新しい書名で出版することにいたしました．旧版の読者にも十分にお楽しみいただけるものと思います．

2014 年 10 月

斎藤　憲

目　　次

まえがき

第1章　アルキメデスの死をめぐる謎 …………… 1

第2章　アルキメデスの生涯と著作 ……………… 17

第3章　C写本の数奇な運命 ……………………… 33

第4章　二重帰謬法の発明 ………………………… 55

第5章　定型化される求積法 ……………………… 79

第6章　知られざるアルキメデス ………………… 95
　　　　──著作『方法』

第7章　ギリシア数学から近代数学へ ………… 123

参考文献　141
あとがき　143

第1章　アルキメデスの死をめぐる謎

ローマとの戦争とアルキメデスの死

「私の円を乱すな」

アルキメデスのものとされる有名な言葉です．紀元前212年に，ローマに包囲されたシュラクサイ（シチリア島）がついに陥落したとき，アルキメデスは幾何学の問題に没頭していて，自宅に踏み込んできたローマ兵に思わずこう言い放ち，怒った兵士に殺されたと伝えられます．この劇的な逸話は事実なのでしょうか．

このときシュラクサイを征服したローマの将軍マルケルルス（またはマルケルス）の伝記が，プルタルコスの『英雄伝』に含まれていて，これがシュラクサイの攻略・陥落について最も詳しい情報を伝えてくれます．プルタルコスはアルキメデスより三百年ほど後，1世紀から2世紀にかけて生きた著述家です．まず，この戦争でのアルキメデスの活躍ぶりを見てみましょう．

プルタルコスはアルキメデスが作らせた機械の威力を延々と記述しています．敵のローマ軍の歩兵には石が雨あられと降り注ぎ，軍艦はクレーンで吊り上げられ，振り回されて破壊されたといいます．そこで，ローマ軍は城壁近くまで回り込めば投

石を回避できるのではないかと考えて，夜明け前に城壁に近づいたところ，こんどは短距離用の投石機も用意されていて，再び大損害をこうむったそうです．

その結果，ローマ軍はシュラクサイを包囲して持久戦に持ち込むことを余儀なくされました．

> ついには，城壁の上に綱だの木材だのが少しでも出っ張って見えると，「ほら，あれだ．アルキメデスがわれわれに向かって，あの何か仕掛けを動かしてるぞ」と，ローマ兵がすっかり怖じけづいているのを見て，それ以後マルケルスは，戦うこと攻めることを一切やめて，長い間ただ包囲することに終始した．（プルタルコス『英雄伝2』マルケルス第17節．柳沼重剛訳，京都大学学術出版会）

なお，アルキメデスが太陽の光を集めてローマの軍船を焼いたという話も伝えられていますが，これはプルタルコス『英雄伝』にはなく，もっと後の時代の伝承にのみ現れます．おそらく事実ではありません．

ついにシュラクサイが陥落したとき，アルキメデスは命を落としたわけですが，プルタルコスによれば，将軍マルケルルスはアルキメデスの死を悲しみ，アルキメデスの身内のものを探させて名誉を与え，「アルキメデスを殺した者を，さながら不浄のもののごとくに避けた」（同上第19節）といいます．プルタルコスより前のリウィウスの『ローマ建国史』も，マルケルルスの悲しみについて語っています．

しかし，この美しくも悲しい伝承を少し掘り下げるとたちま

ち疑問がわいてきます．まず「私の円を乱すな」という言葉そのものは古代のどの作家にも出てきません．1世紀の著述家ウァレリウス・マクシムスは，アルキメデスはあまりに問題に熱中していたので，お前は誰かと尋ねた兵士に自分の名前を言うことができず，ただ，両手で図を庇(かば)って「お願いだから，これを乱さないでくれ」と言い，それが兵士の怒りを買って殺されたと語ります．有名な「私の円を乱すな」はこの種の逸話に由来するのでしょう．

プルタルコスの話は少し違っています．ローマ兵が，アルキメデスに対して，マルケルスのところへ同行を求めたが，問題が解けるまで行こうとしなかったので，怒った兵士に殺されたことになっています．しかし連れてくることがマルケルスの命令なら，簡単に殺すはずはありません．力ずくで引っ張ってくればいいだけのことです．

一方，リウィウスの『ローマ建国史』は，アルキメデスを殺した兵士は彼が誰か知らなかったとしています(XXV.31)．このようにアルキメデスの死をめぐる古代の記述は混乱しています．

さて『ローマ建国史』のこの箇所にはプルタルコス『英雄伝』にはない重要な記述があります．それは，将軍マルケルスが，兵士に市内の略奪を許す前に，すでにローマ軍の陣営内にいた人々の家に番兵を派遣したというものです．シュラクサイでは親カルタゴ派がローマとの戦争を主導したのですが，親ローマ派だった人々の家が略奪を受けないように配慮したわけです．しかしその余裕があったのなら，アルキメデスの家に

はなぜ番兵が派遣されなかったのでしょうか．

マルケルルスが，アルキメデスを殺した兵士を避けたというプルタルコスの記述も不思議です．恐らく万を越えるローマの兵士のうちで，アルキメデスを殺した兵士は特定されていたのです．この兵士がアルキメデスを連れて来る任務を帯びていたのなら，なぜ罰せられなかったのでしょうか．

それともリウィウスの言うように略奪のために市内に入ったローマ兵の一人が，偶然アルキメデスの住居に侵入して彼を殺したのでしょうか．それならばどうやってその兵士は特定されたのでしょうか．

アルキメデスは処刑された？

古代ギリシア史の専門家であるパドヴァ大学のブラッチェージ教授は，2008年の論文でこれらの史料の矛盾をとりあげ，実はマルケルルスがアルキメデスの殺害を命令したのだと主張しました．

ブラッチェージ教授が描く「真実」を紹介しましょう．先にマルケルルスが「避けた」と訳した語は本来「他を向く」という意味です．この意味なら，マルケルルスは目をそらしたことになります．その視線の先には何があったのでしょうか．それは，命令を遂行した証拠として兵士が持参したアルキメデスの首に違いありません．

実際，アルキメデスが意図的に殺されたという伝承も存在します．プルタルコスはアルキメデスの死について，3つの伝承を伝えています．最初が上で紹介した，幾何学の問題に夢中に

第 1 章 アルキメデスの死をめぐる謎　5

なっていたアルキメデスです．2番目の話では，アルキメデスが幾何学の問題を解いていたところまでは一緒ですが，兵士は最初から剣を抜いてアルキメデスを殺そうと迫ってきます．この問題が解けるまで待ってくれと頼んだアルキメデスを兵士は構わず殺してしまいました．この話は，この兵士がアルキメデスの殺害を命じられていたと考えると納得がいきます．

　なお，プルタルコスが伝える3つ目の話は，アルキメデスが日時計などの器械をマルケルルスの所に持っていく途中で，出会った兵士が，彼が金を運んでいると思って殺してしまったというものです．

　さて，マルケルルスがアルキメデスの殺害を命じたとしたら，なぜ我々に伝わる史料はその逆を語るのでしょうか．ここでブラッチェージ教授は，現存史料の執筆時期に注目します．リウィウスの『ローマ建国史』の執筆時期は，初代皇帝アウグストゥス（前63-14）の治世に重なります．アウグストゥスは，姉オクタウィアの息子であり，娘ユーリアの夫であったマルケルルスを後継者に指名します．この若者は紀元前23年に19歳で夭折したため，皇帝となることはありませんでしたが，その名前からも想像できるように，二百年前にシュラクサイを陥落させたマルケルルスの子孫です．

　アウグストゥスがマルケルルスのために行なった葬送演説の原文は残っていませんが，その中でシチリアを征服した偉大な祖先マルケルルスを賞賛したことが，他の資料から知られます．この後，祖先のマルケルルスは慈悲深い人物として描かれることになり，また第二代皇帝ティベリウスも，マルケルルス

と同じクラウディア氏族に属していたので，著述家たちがこぞってマルケルスを美化し，マルケルスはアルキメデスの死を悲しんだという伝説が作られた，というのがブラッチェージ教授の主張です．

　こうやって説明されてみると，逆になぜこのような解釈がこれまで提案されなかったのかが不思議なくらいです．筆者も「マルケルスがアルキメデスを殺した兵士を避けた」というプルタルコスの一節に，なぜこの兵士を処罰しなかったのかという疑問を感じたことはありました(今になって言うのは証文の出し遅れですが)．同じ疑問を感じた読者はこれまでもいたのでしょうが，伝承されてきた物語の魅力が疑問を上回っていたということでしょう．これが意図的な隠蔽だったとすれば，それは2008年まで成功を収めてきたわけです．

　なお，ブラッチェージ教授によれば，アルキメデスの殺害を命じた理由は明確です．さまざまな兵器でローマにさんざん抵抗したアルキメデスを生かしておけば，当時なおイタリアに居座っていたカルタゴのハンニバルに協力する危険があったということです．アルキメデスの命を奪った戦争はローマとカルタゴとの第2次ポエニ戦争の一部で，その発端はカルタゴの将軍ハンニバルが当時カルタゴ領であったスペインから，アルプスを越えてイタリアに攻めこんだことです(前218)．数々の兵器でローマ軍を苦しめたアルキメデスが，一転してローマに協力してくれると期待するのは無理があるでしょう．

　ここで命は助けてやるからローマに協力せよ，という取引を想像する人は少なくありません．実際，20世紀のチェコの作

第 1 章 アルキメデスの死をめぐる謎　7

家カレル・チャペックはそういう発想で「アルキメデスの死」という短編を書いています．君の兵器とローマの力をもってすれば世界征服も夢ではない，と誘われたアルキメデスが，そんなことには一向に興味を示さず，幾何学の問題のほうが大事だと答えるというものです(この作品は当時のナチスドイツとチェコの関係を背景に置いて読むべきものでしょうが)．

　しかしブラッチェージ教授は，当時は機密機関がアルキメデスを生かしておく代わりに協力を求めるようなことが可能な時代でなかった，とこの想像をあっさり退けます．我々の想像は，職業的官僚から成る組織があって，アルキメデスをどこかにかくまって仕事をさせ，そのことを代々の後任者に申し送る，ということが前提になっています．そういう組織は当時の共和制ローマには存在しなかったので，この想定には無理があるわけです．

　なおブラッチェージ教授はさらに最近の講演で，アルキメデスこそがシュラクサイの親カルタゴ・反ローマ政策の中心人物だったのではないかと推測しています．もしそうならば，アルキメデスの処刑は当然ということになります．アルキメデスの死について語る資料は限られているので，決定的な結論を得ることは困難ですが，議論を深めるためには，古代世界の戦争での敗者の処遇の事例を広く検討する必要がありそうです．

　なお，アルキメデスの墓には，彼が球の体積を発見したことにちなんで球と円柱が彫られていたそうです．前 1 世紀に財務官としてシチリアに赴任したキケロが，埋もれていたこの墓を再発見したと『トゥスクルム荘対談集』(5.23.64)に記してい

ます．しかし今となってはそれも残っていません．

シュラクサイの建国

そもそも，なぜアルキメデスの祖国シュラクサイはローマと戦うことになったのでしょうか．この後，ローマが地中海世界を征服したことを知っている我々には，ローマにいどむこと自体が無謀な戦いに見えてしまいますが，そこに至るシュラクサイの歴史を簡単にふり返ってみましょう．それはアルキメデスという人物を理解するためにも役立つでしょう．

シチリア（古代ギリシア語ではシケリア）は現在はイタリアに属していますが，アルキメデスの命を奪った戦争でローマに支配されるまでは，東側はギリシア人，西側はカルタゴ人の勢力範囲でした．ギリシア人は主に島の東部の沿岸部に植民して拠点を築き，先住民と対立しつつも共存してきました．シチリア島東南岸にあるシュラクサイは，コリントスを母市とし，伝承によれば紀元前 733 年に建国された最も古い植民市の一つです．

僭主ゲロン

シュラクサイが歴史の舞台に大きく登場するのは，ゲロンという人物が僭主となった前 5 世紀前半です．ゲロンとヒエロンの兄弟によってシュラクサイはシチリアの東半分から，南イタリアまで影響力を持つ国家に発展します．（アルキメデスの時代のヒエロン王は区別するためにヒエロン 2 世と呼ばれることがあります．）

僭主（英語では tyrant）という語には独裁者という否定的な響きがありますが，古代ギリシアでは，有能な僭主のもとでポリスが発展したことは少なくありません．特にシュラクサイの歴史では，ポリスが発展するのはたいてい有能な僭主が支配に成功したときです．

ゲロンはもともとシュラクサイの西にあるゲラ（現在のジェーラ）というポリスの僭主でしたが，前485年にシュラクサイを併合し，征服したポリスの市民を移住させました．この頃はギリシア本土ではペルシア戦争（前492-479）の時代にあたります．マラトンの戦い（前490）やサラミスの海戦（前480）などで知られるこの戦争は，ギリシア本土のポリスが団結して，2度にわたってギリシアに押し寄せた大国ペルシアに打ち勝った歴史上の大事件ですが，遠く西に離れたシチリアでは事情が違います．

彼らにとって重要だったのはカルタゴとの戦いです．前480年にシチリア北岸のヒメラの戦いでカルタゴ人を打ち破ったことのほうがはるかに重要な事件でした．ゲロンは，ギリシア本土からのペルシア戦争への救援の要請を，カルタゴとの戦いに援助が得られなかったことを理由にこれを断り，逆に多額の金を持った使節をこっそりデルフォイの神殿に派遣して，ペルシア王が勝利した場合は，その金をペルシア王へ献上して従属を誓うよう手配していたそうです．ギリシアが負けた場合の保険をかけていたわけです．幸いギリシアが勝ったので，使節は金を持ち帰ることになりました（ヘロドトス『歴史』7.157-163）．ゲロンは本土のギリシア人と一蓮托生の運命にあるとは思って

いなかったのです．

　478年に没したゲロンの後を継いだヒエロンは南イタリアにも進出し，また悲劇作家アイスキュロスや，詩人ピンダロスといった一流の作家を招聘し，自らの偉業をたたえる作品を作らせました．シュラクサイは，ギリシア世界全体にとっても重要な存在であったといえるでしょう．

アテネ帝国

　いったんシチリアから離れて，ペルシア戦争後のギリシアの情勢を見ておきましょう．ペルシアの3度目の侵攻に備えて，エーゲ海の諸ポリスは軍船や軍資金を拠出してアテネ（古代ギリシア語ではアテナイ）を中心とする同盟を結びました．これがデロス同盟です．ところがこの同盟は次第にアテネが他のポリスを実質的に支配する機構に変質し，各国の分担金は実質的にアテネへの貢納金となってしまいました．今も観光客の絶えないアテネのアクロポリスの神殿も，この貢納金があってこそ建てることができたわけです．こうして実質的に他のポリスを支配したアテネを研究者はアテネ帝国（Athenian empire）と呼びます．

　帝国といってもそれは他国に対する支配の話で，皇帝がいたわけではありません．それどころか，ペルシア戦争の勝利が一般市民の活躍によるものだったこともあり，アテネではポリスの政治における貴族の優越的な権利が一切廃止され，全市民が参加できる民会が最高の議決機関となり，将軍を除くあらゆる役職がくじ引きで市民に割り振られるという，完全な民主政が

実現しました．もちろんここで市民とは市民権を持つ成人男子に限られていました．

民主政と論証数学の成立

なお，すべてが民会の議論で決まることの結果として，アテネでは弁論の巧拙が非常に重要になり，巧みな弁論を教えるソフィストと呼ばれる人々が出現しました．ソフィストはプラトンに敵視されたために二千年後の現代でも評判が芳しくないのですが，弁論で他人を説得するという考えは重要です．なぜなら，これは数学の証明の基本にある態度でもあるからです．実際，論証数学（結果だけを述べるのでなく，証明を伴った数学）はこの時期のアテネに出現したと考えられます．論証数学がピュタゴラス（前572頃-494頃）の率いる神秘的な教団に由来するという従来の通説はほぼ否定されています．これについては拙著『ユークリッド『原論』とは何か』で解説しました．

ペロポネソス戦争とシチリア人のアイデンティティ

ギリシアの歴史に戻りましょう．アテネ帝国の繁栄を苦々しい思いで見ていたのが，ライバルのスパルタを中心とする諸ポリスです．アテネ帝国との摩擦はついにペロポネソス戦争（前431-404）という形でギリシア人同士の内戦となります．この戦争は複雑な経過をたどりますが，結局アテネは敗北し，アテネ帝国は崩壊します．

この戦争の決定的な転換点は，アテネがシチリアに大規模な遠征軍を送ったことでした．それは前415年のことで，口実

はともあれ，その狙いはシュラクサイを攻略し，広大なシチリアの土地を領有することでした．ギリシア人といっても，さまざまな民族から成っていて，シチリアのギリシア人植民市は，建国の際の母市によってドーリス系とカルキス系に大別されます．アテネは近縁のカルキス系植民市の協力を得てドーリス系のシュラクサイを攻略できると見ていました．

　しかしアテネの思惑は外れ，2年にわたる戦いの末，無敵と思われたアテネの大遠征軍は壊滅します．この遠征は，アルキビアデスという，プラトンの対話篇にも登場する人物に煽動された結果ですが，やはり民会の議決に基づくものです．ペロポネソス戦争中のアテネの民会は他にも，ペルシアの支持をあてにして民主政の廃止を議決するなど，衆愚政治の見本のような迷走を繰り返しました．その後アテナイの民主政では，種々の手続き上の歯止めが機能するようになり，戦争に敗北した後の前4世紀のアテナイは比較的安定した政体を取り戻します．

　シュラクサイに戻りましょう．アテネの意図は早くから見抜かれていました．アテネの大遠征より前の，ペロポネソス戦争初期(前424年)の講和会議で，シュラクサイの将軍はこう喝破しています．「この会議は個別の利害にのみかかわるものではない．シチリア全土が，私の信じるところでは，アテネ人に狙われているのだ．それを我々はまだ救うことができるだろうか．(トゥキュディデス『歴史』4.60)」

　そして結果として強大なアテネを打ち破ったことは，シュラクサイの人々に大きな自信を与えたことでしょう．

ディオニュシオス親子とプラトン

この後，アルキメデスの時代までのシュラクサイは，おおむね僭主政のもとでシチリアのギリシア人植民市を代表する国家として繁栄しました．西ではカルタゴと争い，東ではイタリア半島南部に勢力を拡大しています．

前4世紀前半には，民主政が嫌いで哲人王の政治の実現を夢見たプラトンが3度もシュラクサイを訪れています(388, 367, 361年)．1回目には僭主ディオニュシオス1世に会い，このときその義弟ディオンは大きな影響を受け，アテネでプラトンの教えを受けます．2回目の訪問は1世の没後，その息子ディオニュシオス2世の後見人であったディオンに招かれ，3回目は2世自身に招かれてシュラクサイを訪れます．もちろんプラトンの説く理想国家がそのまま受け入れられるはずはなく，3回目の滞在では2世の不興を買い，南イタリアのタラス(現在のターラント)のアルキュタスに救出を頼む羽目になりました．プラトンをひどい目にあわせたためか，現存資料ではディオニュシオス2世はとんでもない暴君ということになっています．

アガトクレスの野望

ディオニュシオス2世の暴政で混乱に陥ったシュラクサイは，その収拾のために母市コリントスから招いたティモレオンのおかげで安定を取り戻します．彼の活躍もプルタルコス『英雄伝』に描かれています．しかしその死後，シュラクサイは再

び混乱に陥ります．時代はヘレニズム時代に入りつつあります．ギリシア本土では前338年にアレクサンドロス大王の父であるマケドニアのフィリッポス2世がアテネなどの連合軍を破り（カイロネイアの戦い），その結果ギリシアは実質的にマケドニアの支配下に入りました．アテネの民主政にもここでピリオドが打たれたわけです．アレクサンドロス大王が大帝国を築き，遠征の途上バビロンで没したのは前323年です．

さて，シュラクサイの混乱を収拾したのは前316年に将軍となり，後にはじめて王を名乗ったアガトクレスでした．西ではカルタゴとの戦いでアフリカ本土にまで遠征し，東ではイタリア半島南部にまで支配地域を広げ，シチリアと南イタリア全体の統一を目指しました．彼のこうした行動は多分にアレクサンドロス大王の偉業に影響されたものでしょう．

ヒエロン王の治世

アガトクレスは前289年に後継者を指名せずに亡くなり，シュラクサイは民主政に戻りましたが，国情は安定せず，支配者がめまぐるしく交代します．アルキメデスの生年は確実ではありませんが，おそらく彼の幼年・少年期にあたる時期です．

混乱の中で前275年頃に将軍となったヒエロンという人物が最終的に王を名乗ってシュラクサイの政情は安定します．これがアルキメデスの逸話にしばしば登場するヒエロン王です．ヒエロンは前215年に没するまで，将軍としての期間を含めれば実に60年にわたってシュラクサイを統治しました．これはちょうどアルキメデスの幼少期を除く全生涯と重なります．

図 1.1 シュラクサイ(現在のシラクーザ)のギリシア劇場.
現在も使用されている.(筆者撮影)

この時代には,ローマが南イタリアやシチリアにも勢力を伸ばしてきます.ヒエロンは第一次ポエニ戦争(前 265-241)の勃発当初にカルタゴと同盟を結んでローマと戦いますが,ローマの強さを悟ってすぐに講和し(前 263),その後シュラクサイはカルタゴとローマの戦いをよそに,平和と繁栄を享受します(図 1.1).

ヒエロンは生涯にわたってしばしばローマを援助します.それが条約上の義務でシュラクサイは従属国だったのか,そうではなかったのかについては議論がありますが,ヒエロンの治世のシュラクサイの繁栄から見て,負担になるような貢納を義務付けられたわけではないと思われます.

アルキメデスが活動したのは,このヒエロンの治世の下でした.次章ではその生涯と著作について見ていくことにしましょう.

第 2 章 アルキメデスの生涯と著作

アルキメデスの生涯

　ヒエロン王の治世に活動したアルキメデス（前 287?-212）の生涯と業績を少し詳しく見ていきましょう．ローマとの戦争でシュラクサイが陥落した前 212 年に彼が命を落としたことは確実です．そして彼がそのとき 75 歳だったという伝承から生年は 287 年とされていますが，これは 12 世紀の著述家ツェツェスが伝える韻文の記述ですので確実ではありません．しかし，紀元前 2 世紀の歴史家ポリュビオスが，ローマとの戦争のときのアルキメデスを「老人」と記述していますから，かなりの年齢だったことは確かです（『歴史』VIII.7）．

　アルキメデスの伝記的事実についてはほとんど何もわかっていません．父親の名はフェイディアスで天文学者だったとされていますが，この根拠は意外に薄弱です．アルキメデスは，ゲロン王（ヒエロン王の息子で共同統治者）が宇宙全体を満たす砂粒の数などとても表せないだろうと言ったことにこたえて，王に『砂粒を数えるもの』という著作を献呈しています．それは非常に大きい数の記数法を提案するもので，何と 10 の 8 京乗（1 の後にゼロが 8 京個＝1 兆の 8 万倍個続く）にあたる数を表す方法を示します．次に全宇宙を満たす砂粒の数を，多め

に見積ります．それは現代の記法では10の63乗個になります．この議論の途中で太陽までの距離を月までの30倍と見積もるのですが(実は約400倍)，以前の学者による種々の数値を紹介しています．その中に「アクーパトロス(akoupatros)」という謎の一語があります．その前にフェイディアスという人名があり，あわせて解釈すると「アクーパテールの息子フェイディアス」または「アクーパテール出身のフェイディアス」という意味になります．しかしアクーパテールという人名や地名はありえないことから，これを少し変更して「アムー・パトロス」と2語に読んで「我々の父フェイディアス」とする解釈が19世紀に提案されて定説になっています．アルキメデスの父が天文学者だったという話は，この，写本の読みかえだけが根拠です．

とはいえ学校教育で高等数学が教えられるような時代でなかったこともあり，父親が天文学の人であったという伝承は魅力的で，これが広く受け入れられています．次に，当時の学問の中心地であったアレクサンドリア(エジプト北部，地中海に面した都市)に多くの著作を送っていることから，一度はアレクサンドリアに遊学したのだろうという意見が有力です．それ以外の時期は祖国シュラクサイで過ごしたと想像されています．

豊富な逸話と技術者アルキメデス

アルキメデスに関する逸話はかなり多く伝わっていて，その幾つかはご存知の読者も多いことと思います．以下ではまず逸話から技術者としてのアルキメデスを見ていきましょう．

ヘウレーカ（わかったぞ！）

　一番有名な逸話は，公衆浴場から裸で飛び出して「ヘウレーカ（わかったぞ！）」と叫びながら家まで走って帰ったというものでしょう．話はこうです．あるときシュラクサイのヒエロン王が，金の冠を作らせて神殿に奉納しました．ついでながら，この冠（ステパノス）とは王冠ではなく，古代オリンピックの勝者に与えられた月桂冠のような形のものです．職人に金を渡して加工させたわけですが，冠ができたときに重さを量って，職人が金をくすねていないことを確認しています．ところが，実は金が抜かれてその分だけ冠に銀が混ぜられているという告発があり，怒ったヒエロン王は詐欺の事実を明らかにするようにアルキメデスに命じました．これが難問だったのは，確認のためとはいえ，神殿に奉納した冠を壊したり溶かしたりするわけにはいかなかったためのようです．

　この問題を考えていたアルキメデスは，たまたま浴場で自分の体が浸かった分だけ水が流れ出すのを見て，冠の体積を量ればよいということに気づいて，じっとしていられなくなり，最初の話のように浴場を飛び出したのだそうです．

　この話を伝えるローマの著述家ウィトルーウィウスによれば，アルキメデスは，冠を，水でいっぱいにした甕に沈め（当然水があふれます），冠を取り出した後で，分量を計りながら甕に水を注いで，甕を再びいっぱいにして，冠によってあふれた水の体積（つまり冠の体積）を量ったそうです．

　ところが，実際にこの方法を試してみると，水の表面張力の

ため，正確な体積の測定は意外に困難です．

そこで，アルキメデスが別の方法を取ったという説が有力です．「重さと計量についての歌」という作者不詳のラテン語の詩によれば，アルキメデスは冠と同じ重さの純金を用意して，天秤で釣り合わせておいて，そのまま冠と金を水に漬けたとされています．こうすると，もし冠に銀が混ぜられているならば，釣り合いが破れて冠が上に，金が下に動きます．

なぜでしょうか．これはアルキメデスの著作『浮体について』の定理から分かります．この定理は，液体の中に漬けられた物体が，それと等しい体積の液体の重さだけ軽くなることを主張します(浮力の原理)．銀を混ぜた冠は金よりも比重が小さいので，同じ重さの純金より体積が大きくなります．だからこの冠と純金を水に漬けると，冠と金との体積差と同じ体積の水の重量分だけ，冠の方が軽くなるのです．

具体例で考えてみましょう．仮に冠のリースの重さを 1 kg としましょう．純金(比重 19.3)なら体積は約 52 cm^3，銀(比重 10.5)が混ざっていて，たとえば比重 15 なら約 67 cm^3 となります．3 割近い体積の違いは簡単に分かりそうに思いますが，ウィトルーウィウスの方法を実際にやってみると，水の表面張力のため，いつ容器が一杯になったかを判定するのが難しく，測定するたびに値が違ってきます．一方，この両方を水(比重 1)に浸けると，それぞれ 52 g と 67 g 軽くなるので，重さは 948 g と 933 g となります．1.6% くらいの違いですが，この違いは天秤ですぐに分かります．要するに，体積の測定より重さの測定の方がずっと精度が高いのです．

この方法は，アルキメデス自身が証明した浮力の原理を利用する点でも魅力的です．体積を測るだけなら天才アルキメデスが風呂から飛び出すほどの思いつきではないだろう，彼は風呂の中で自分の体が軽くなることを感じて，そこでひらめきを得たに違いない，というわけです．現代の研究者の間ではこちらの説が圧倒的に有力です．本書第3章で紹介するアルキメデスのC写本についてイギリスのBBCが制作した番組に登場したアレクサンダー・ジョーンズ教授は，この逸話をウィトルーウィウス説で説明していました．後でジョーンズ教授に会ったときに聞いてみたら，「僕は天秤を使って両方を水に浸けたと思うんだけど，それは難しいから簡単な方でお願いします，ってBBCに言われたんだよ」とのことでした．

「私に立つ所を与えよ……」

「……そうすれば地球を動かしてみせる」とアルキメデスが言ったという話も有名です．本当にそう言ったかどうかは別として，これは，数学と技術の両方にまたがるアルキメデスの業績を見事に要約した言葉です．

これは，いわゆる梃子の原理（支点からの距離に反比例する2つの重さが釣り合う）を利用すれば小さな力で大きなものが動かせることを指しています．この原理自体は広く知られていたはずですが，アルキメデスは非常に基本的な仮定からこの原理を証明していますし，本書第6章で解説する『方法』という著作では，この梃子の原理を巧みに利用して，立体の体積や重心を求めています．一方で彼は技術者としてもこの原理

を活用して驚くようなことをやってのけています．

巨大船シュラコシア号

それは，ヒエロン王が所有していた3本マストの船を，人と荷物を満載したまま，一人で軽々と進水させたことです．滑車やウインチといった機械を上手に利用したのでしょう．そしてさらに大きな船を建造しています．これはシュラコシア号として知られる船です．

アテナイオス（紀元2世紀終わりから3世紀）の著作『食卓の賢人たち』には，この船の積荷のリストがあり，そこから船の大きさの推定が試みられています．積荷を全部古代ギリシアの通常の容積や重さの単位で換算すると，4000トン近くになります．総トン数は少なくともその2倍近くになりますので，非常に大きな船であり，古代にそのような船が建造できたのか，という疑問が起こります．そこで積荷の大半を占める，穀物6万メディムノスという記述が問題になります．1メディムノスは50リットル強なので，穀物だけで2000トンを超えるのです．そこでこの「メディムノス」はローマの単位で，8.78リットルである，という解釈が有力です．すると穀物は500トン以下であり，積荷の合計は2000トン程度になります．

とはいえこれでもかなりの大きさです．参考までに1985年に復元された，プリンス・ウィレム号の写真をご覧ください（図2.1）．もとの船は1651年に建造された木造船で，長さ73.5メートル，幅14メートル，喫水3.8メートル，オランダ

図 2.1 長崎のオランダ村にあったプリンス・ウィレム号の復元船.1985 年建造,2003 年にオランダに売却,2009 年に事故で焼失.(写真提供：秦鐘治氏)

東インド会社の最大の船でした.しかしその排水量が 2000 トンですので,積載量はこれよりかなり少なくなります.アテナイオスの記述に誇張がない限り,ヒエロン王が建造させたシュラコシア号は少なくとも 2000 トンの積載量があったのですから,これよりは大きかったわけです.

しかもアテナイオスによれば,シュラコシア号はどこの港からも危険であるという理由で入港を断られたといいます.このことを根拠に,シュラコシア号は当時としては群を抜いて巨大な,積荷 3700 トン,総トン数 8000 トン以上の船であったという意見もあります.

入港を断られたこの船に,ヒエロン王は食料を満載して,1 度だけですが食料不足に悩んでいたアレクサンドリアに航海さ

せて，積荷を贈呈したそうです．この逸話にシュラクサイの富と繁栄の一端を垣間見ることができます．建造にあたっては，必要な資材を今のイタリア本土，フランス，スペインから集めたという記述もあり，当時の地中海世界の交易の広がりがうかがわれます．

なお，この船の船底にたまった水を汲み出すために，コクリアスと呼ばれるスクリュー型の汲み上げ機が使われ，巨大な船にもかかわらず，その仕事は一人で間に合ったそうです．シチリアのディオドロス（前1世紀）は，コクリアスはアルキメデスがエジプトに行ったときに発明したと述べています．これはアルキメデスがエジプトを訪れたという通説の唯一の直接的根拠でもあります．しかし古代の人々は，何でも有名な人の業績にしてしまう傾向がありますので，この記述にも注意が必要でしょう．

著作から見たアルキメデスの生涯

しかしアルキメデスの名を不朽にしたのは，このような逸話ではなく，その著作です．以下でアルキメデスの著作にどんなものがあるかを見ていきましょう．

アルキメデスの著作は，十数編が伝えられ，全部で数百ページのテクストが現存します．しかしそこには投石器の設計図はおろか，技術上の業績を直接記述するものは1つもありません．

著作は大きく2つに大別され，1つは図形の求積（面積・体積の決定）にかかわるものです．いわば純粋数学の著作と呼べ

るでしょう．もう1つは梃子の原理や浮力の原理にかかわるものです．これらの原理を，アルキメデスが実際の技術的問題にも応用したとしても不思議はありません．そして，著作全体の高度で複雑な内容は，その著者が人並み外れた集中力の持ち主であったことをうかがわせます．そこでこんどは現存著作から浮かび上がるアルキメデスの姿を見て行きましょう．

釣り合いと重心

まず，逸話が伝える技術者アルキメデスとも結びつく著作には，『平面のつり合い』というものがあります．釣り合いや重心に関係し，梃子の原理を非常に単純な仮定から証明しています．そしてこの梃子の原理を駆使して，3角形の重心が中線上にないことは不可能であることを証明します．これで3角形の重心は中線の交点であることが分かります．他に彼が重心の決定に成功した図形には，放物線の切片，半球，円錐曲線（2次曲線）の回転体などがあります．

また『浮体について』という著作では，風呂から飛び出した逸話で紹介したように，液体の中に沈んだ立体が押しのけられた液体の重さだけ軽くなるという浮力の原理も証明されています．

さらにこの原理の応用には注目すべきものがあります．それは回転放物体を軸に垂直な平面で切断した切片の形の物体で，水より軽い（比重が小さい）ものを考え，これを斜めにして水に浮かべたとき，垂直（つまり切断面が水面に平行）な位置に戻るかどうかという問題で，ここでは重心の位置決定と浮力の原理

が巧みに組み合わされています(コラム 1).

斜めにして水に浮かべたものがまっすぐに戻るか,という問題設定そのものが,造船技術との関連を感じさせます.これらの著作の著者が,効率的な投石器やクレーン(どちらも梃子の原理を利用した機械であったはずです)などを製作した天才技術者でもあったというのは納得がいく話です.

コラム 1

『浮体について』

図 2.2 では,NO を軸として放物線を回転させてできた回転放物体 AOL が水に浮かんでいます.水面は IS です.

予備知識としてアルキメデスは次のことを前提としています.まず,回転放物体 AOL の重心は軸 NO の,底面に近い方の 3 等分点 R です.(これは 3 角形の重心と同じです.)

さらに,回転放物体を斜めの平面で切った切片に対しても同様なことが成り立ちます.図の回転放物体のうち,水面 IS の下にある部分 IYS の重心を考えましょう.そのためにまず水面 IS に平行な接平面 KW の接点を Y とし,Y を通り軸 NO に平行な直線 YF を考えます.すると切片 IYS の重心は,YF の 3 等分点 B になります.

以上の予備知識を前提として,水に浮かんだ回転放物体 AOL を考えます.AOL 全体は水の外部にある部分と内部にある部分から成ります.そして上で述べたことから,全体の重心が R,内部の重心が B です.したがって水の外部にある部分の重心は BR の延長上の G にあります.(なお,R がちょうど水面 IS にあるように描かれていますが,R は水面の外に出るときも,中に入るときもあります.)

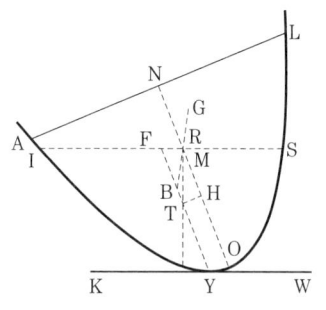

図 2.2 水に浮かぶ回転放物体.

　すると水に浮かぶ回転放物体 AOL を，水の外部と内部に分けて考えると，外部の重心 G は下へ，内部の重心 B は上に押されます．したがって，この図のように立体全体が左に傾いているときに，G が B より右にあるならば，この立体は右に回転して，まっすぐな状態に戻ることになります．

　G が B より右にあるかどうかは，回転放物体の高さと，物体の比重という 2 つのパラメータに依存します．アルキメデスはこれを徹底的に調べて，場合分けを行ない，ついにある特殊な条件下では，立体が斜めになったまま安定することを証明しています．

求積法に関する著作とその読者

　次に，ここでとりあえず純粋数学と呼んだ，図形の求積にかかわる著作ですが，アルキメデスは多くの図形の求積にはじめて成功しています．彼が面積・体積を決定した図形には，放物線の切片（放物線と直線で囲まれる図形），球，円錐曲線の回転

体(回転放物体,回転楕円体,回転双曲体)などがあります.

ここでアルキメデスが使ったのは,エウドクソスという人物が最初に考案した二重帰謬法という方法です(「取り尽くし法」という呼び方が一般的ですが,ここではこう呼びます).これを彼は改良・発展させて,多くの結果を証明しました.その改良がどのようなものであったかは後で詳しく紹介します.

現代の我々にとって重要なのは,求積法に関する著作の多くには序文がつけられていて,そこから著作の順序や,アルキメデスの研究の進展状況が分かることです.序文を持つ一連の幾何学的著作は5つあり,すべてアレクサンドリアのドシテオスという人に宛てられています.アルキメデスは新たな結果を得るとそれを著作の形にまとめて,アレクサンドリアに送っていたことになります.その理由を想像することは簡単です.シュラクサイにはそれを理解できる読者がほとんどいなかったのでしょう.

序文から知られる著作5つの順序は『放物線の求積』,『球と円柱について』の第1巻,ついでその第2巻,そして『螺線について』,『円錐状体と球状体について』というものです.

一連の著作の最初の『放物線の求積』は,コノンという数学者に送る予定でしたが,コノンが亡くなったので,その友人のドシテオスに送ったことが序文から分かります.ドシテオスは数学者としては凡庸だったらしく,アルキメデスに証明や著作を送ってくれと頼むことはあっても,彼自身が何かの業績をあげたという記録はまったく残っていません.もしコノンが長生きしていたら,我々はドシテオスという人がいたことさえ知ら

なかったでしょう.

アルキメデスもドシテオスには満足していなかったらしく,コノンが死んで何年も経ってから書かれたと思われる『螺線について』の序文では,コノンが生きていたらこの証明をとっくにやっていただろう,と愚痴めいたことも書いています.

なお,コノンは前246年に存命であったことが知られていますので,序文を持つ5つの著作は,すべてこの後,アルキメデスの後半生に書かれたことになります.そこで多くの研究者は,アルキメデスは若いときに技術者として活動し,同時に釣り合いや梃子の原理に関する著作の一部を書き,後半生で私たちが純粋数学と呼ぶものを研究したと想定しています.

数学者は年に一人？

アルキメデスが後々までコノンの死を嘆いていたのは,当時の数学者の数が非常に少なかったためでもあるようです.正確な統計はありませんが,古代ギリシアでは平均して年に一人の数学者が生まれたという推定があります.一人の数学者の活動期間が平均30年とすれば,特定の一時点での数学者の数は約30人ということになります.優秀な一人がたまたま早世したら,その影響は大きなものだったでしょう.

もう少し序文を読み込んでいくと,アルキメデスはまず結果だけを先に知らせて,アレクサンドリアの数学者たちが独自に証明を試みることを期待していたようです.しかし彼の期待にこたえた数学者がいたという形跡はありません.アルキメデスの著作には詳細な証明が書かれていたのですから,それをじ

っくり読めば，アルキメデスが次に送ってくる著作の証明を，1つや2つは先回りできそうなものですが，そういうことは一度もなかったようです．

アルキメデスの誤謬あるいは悪意

アルキメデスの著作への他の数学者の反応という点で興味深いのは『螺線について』の序文です．この中でアルキメデスは，前に送ったいくつかの結果のうち2つが間違っていたと述べています．しかもそれに続いて「あらゆることを発見したと言い張るのに証明を与えない人々は，不可能なことを発見したと主張して恥をかいたことになります」と述べています．

アレクサンドリアにはどうやら，アルキメデスの送った結果だけを受け売りで吹聴していた人がいたようです．しかし，アルキメデスが自分が間違えた以前の結果を訂正するついでにこう述べているのだとしたら，これはずいぶんな開き直りです．もしかしたら，自分の著作をまともに検討していると思えないアレクサンドリアの数学者に不満なアルキメデスは，わざと間違った結果を混ぜて送ったのかもしれません．

天才数学者アルキメデスは，当然生前から高く評価された（たとえばアンドレ・ヴェイユのように）と我々はつい考えてしまいがちです．しかし，ここで見た著作の序文から浮かび上がってくるのは（わざと間違いの定理を送ったかどうかは別にしても），学問の中心地から離れて一人研究を進め，自分の成果が正当な評価を受けないことに時にいらだつ孤独な数学者の姿です．

なお，古代ギリシア人の基本的な行動様式はしばしば「競いあい」(ギリシア語ではアゴーン)として説明されます．これを数学者にも適用して，上で述べたアルキメデスの「間違った結果」の説明も，また早世したコノンを後々まで賞賛したのも，他の(存命の)数学者を批判するための戦略である，という解釈もあります．しかし，これは現代の科学者の行動様式を過去に投影した解釈かもしれません．

アルキメデスの孤独

アルキメデスがこのように孤独であったと述べると，彼は当時の数学の水準を大きく超越した天才だったと思われがちです．なるほど，アルキメデスが多くの困難を天才的な工夫で乗り越えてすばらしい業績をあげたことは事実です．しかし，彼の議論の題材も方法も，当時の数学を超越していたわけではありません．彼の成果がそれほどアレクサンドリアの数学者の関心をひかなかった原因はむしろ，当時の中心地アレクサンドリアでの流行に求めることができそうです．当時関心を集めていたのは軌跡や作図の問題であり，アルキメデスより少し前か同時代のユークリッドや，アルキメデスより数十年後のアポロニオスが円錐曲線を利用して大きな成果をあげていました．それに比べるとアルキメデスが取り組んだ求積法や重心決定への関心は薄かったように思われます．

アルキメデスの自信と忍耐

こうしてみると，アルキメデスは学問の中心地アレクサンド

リアで流行していないテーマの研究を長年にわたって継続していたことになります．それを可能にしたのは何だったのでしょうか．

その1つは疑いもなく，長い平和な日々を享受できたことです．プルタルコスも，アルキメデスは生涯の大半を戦争のない，平和に祭りを祝う時代に過ごしたと書いています．アレクサンドリアに送られた序文によって，彼の一連の著作がかなりの年月をかけて書かれたことが分かります．ローマとの講和に踏み切ったヒエロン王がいなければ，アルキメデスの著作は生まれなかったかもしれません．彼が戦争のために考案した機械類はローマ軍を苦しめ，死後に彼の名を大いにあげることになりました．しかし，ローマとの戦争は彼の最晩年のわずかな期間の出来事に過ぎません．彼の名を不朽のものとした著作は，その前の長い平和があってこそ可能になったのでした．

そして中心地アレクサンドリアでの流行に左右されない研究を持続する忍耐と自信を，シュラクサイの歴史に求めることも可能かもしれません．シュラクサイは常にギリシア世界で重要な存在でしたが，決してギリシア世界の中心ではありませんでした．前5世紀の中心はアテネであり，アルキメデスの時代にはアレクサンドリアでした．

祖国の繁栄が，アルキメデスに数学の研究に没頭する環境を与え，それがしかし周辺的存在であることが，他人と違うことを恐れずに研究を続ける自信を与えてくれたと想像することができそうです．偉大な人物がしばしば中心でなく，周辺地域から現れることにはそれなりの理由があるのでしょう．

第3章　C写本の数奇な運命

　ここまでのアルキメデスの著作の紹介は，ルネサンス以来ずっと知られてきた写本に基づくものです．ところがもう1つ，20世紀になって初めて知られた重要な写本があります．

クリスティーズの競売

　1998年10月29日，ニューヨークでクリスティーズの競売に，ある品物が出品されました．それは一見したところゴミと見まがわんばかりのぼろぼろの古本でしたが，この品物ただ1点のためだけにクリスティーズは64ページのカラー印刷の冊子を準備して配布しました．その記述によれば，出品されたのは羊皮紙にギリシア語で書かれたアルキメデスの著作の写本，ビザンツ帝国で10世紀後半に作成，ただし12世紀に祈禱書が上書きされたパリンプセスト．見積価格は80万ドルから120万ドル．

　パリンプセストという言葉になじみのない読者も多いでしょう．中世の写本はたいてい羊皮紙に書かれました．皮から作るのですから，羊皮紙は貴重品でした．不要と思われる著作が書かれた写本は，表面をこすって文字を消して，別の著作を写すために再利用されました．このような写本をパリンプセス

トと呼びます．ギリシア語で「再びこすったもの」という意味です．この 10 世紀の写本には，アルキメデスの著作が書かれていて，後からそれを消して祈禱書が上書きされたのです．これが行なわれたのは 13 世紀に入った 1229 年であったことが，後に写本の解読で判明しました．いうまでもなく，競売での価値は消された（かろうじて読める）ほうのアルキメデスの著作にありました．

これはギリシア数学史の研究者の間ではちょっとしたセンセーションでした．なんといっても，姿を消した「あの」C 写本が再び日の目を見るというのですから．

予想価格を大きく上回る 200 万ドルでこの写本は落札されました．日本円にして約 2 億円の価値のある写本とは，いったいどんなものなのでしょう．

この問に答えるには，まずはアルキメデスの著作がどうやって現代に伝えられているのかを少し説明しなくてはなりません．

アルキメデスの著作という言葉をこの本ではもう何度も使っていますし，プルタルコスなどの古代の著述家の著作も引用してきました．これらの著作はどのようにして現代に伝わったのでしょうか．

パピルスと羊皮紙

アルキメデスが書いてアレクサンドリアに送った著作は，パピルスに書かれていたはずです．パピルスというのはペーパーの語源でもあり，古代に紙の代わりに使われました．もともと

図 3.1 シュラクサイ(現シラクーザ)の南端に位置するアレトゥーサの泉に自生するパピルス. (筆者撮影)

は植物(図 3.1)の名前で, この植物の茎を繊維方向に切って細長い薄片としたものを水に浸けて, 横に並べます. その上に最初とは直角の向きに薄片を並べます. 2層に並べるだけで, 織り合わせる必要はありません. これに圧力をかけて乾燥させると, 内部からにじみ出る物質によって2つの層がくっついて, 1枚のシートになり, この上に文字を書くことができます. この製品がもとの植物と同じくパピルスと呼ばれたわけです.

パピルスの欠点は湿気に弱く, 長期保存ができないことです. 古代のパピルスで現存しているのはエジプトの砂漠や, 火山の噴火の火山灰で埋まった町の遺跡から発掘されたものに限られます. こういうわけで, アルキメデスがパピルスに書いた自筆原稿は当然残っていません.

古代後期から羊皮紙が使われるようになり, パピルスで伝え

られてきた著作が羊皮紙に書き写されるようになりました．羊皮紙は保存性がよく，現代まで残っています．現代にまで伝わる古代の著作は，ほとんどが羊皮紙に書き写されたものです．

コンスタンティノープル

現代に伝わるギリシア語の写本は，その大半が 9 世紀以降に東ローマ帝国(ビザンツ帝国)のコンスタンティノープル(イスタンブールの旧称)で筆写されたものか，さらにその写しです．

少しだけ世界史を復習しておきましょう．大きくなりすぎて統治が困難となったローマは 395 年のテオドシウス帝の死後，東西 2 つに分けられました．大きさだけが困難の原因ではありませんが，ここでは先を急ぎましょう．ローマを首都とする西ローマ帝国はまもなくゲルマン民族の侵入によって滅びますが (476 年)，東ローマ帝国は，後に徐々に版図を縮小し，最後はほとんど首都コンスタンティノープルだけを領有する国家となりながらも，ほぼ千年という驚異的な時間を生きながらえ，1453 年にオスマン・トルコに滅ぼされるまで続きました．このときコンスタンティノープルはイスタンブールと名前を変えて現在に至っています．

さて，東ローマ帝国はしばしば「ギリシア人の帝国」と呼ばれました．公用語はラテン語でなくギリシア語です．そして我々にとって幸いなことに，9 世紀頃からしばらくの間，国力が回復して学芸が花開いた時期があり，この時期まで伝えられてきたギリシア語の写本の多くが整理，書写されたのでした．

現代の我々が知っている古代ギリシアの著作の大半が，この時期のコンスタンティノープルで作られた写本（もちろん保存性のよい羊皮紙です）によって伝えられたものです．

A 写本

アルキメデスの著作もこの例外ではありません．ただすべての著作を含む決定版とでもいうべき写本はなく，収録された著作が多少異なる 3 つの写本が存在したことがわかっています．

最も重要な写本は現在，A 写本と呼ばれます．これは 9 世紀に作られ，主要な著作の多くを網羅する重要な写本です．どうやって東方から西欧にもたらされたかは，さまざまな憶測がありますが，明らかになっていません．ルネサンスの人文主義者ジョルジョ・ヴァッラ（1430-1499）が所持していましたが，彼の死後，16 世紀半ば以降に行方不明となり，この写本は現存しません．幸いなことに，15 世紀にこの写本から多くの写しが作られ，いくつかの写しが現存しています．そのおかげでこの写本の内容は，ほぼ完全に復元されています．

B 写本

次に重要な写本は B 写本です．これはかなり早く 13 世紀にはヴァティカンの所蔵品でした．そしてこの時期には珍しくギリシア語に堪能であったメールベケのギヨームという人がこれをラテン語に翻訳していて，彼の自筆写本が今でもヴァティカンにあります．A, B 写本ともメールベケ自身がコンスタンティノープルへ旅して入手したのではないかとも言われていま

す.

　ところがB写本自体は14世紀に行方不明になってしまい，その内容はメールベケのラテン語訳から推測するしかありません．写本がなくなる話ばかりですが，それもある意味では当然です．写本というのは最初は1つしかありません．その1つがなくなれば伝承はとだえてしまいます．最初から最後まで書き写してやっと1つが2つに増えるわけです．印刷術発明以前には他に複製の手段はありませんでした．したがって失われた著作というのも少なくなかったのです．アルキメデスでも重心関係の一部の著作は失われたと考えられています．

　B写本に含まれる重要な著作としては，前に少し触れた『浮体について』(コラム1)があります．これはA写本には含まれず，長い間メールベケによるB写本のラテン語訳を通してのみ知られていました．

アラビア語写本と『ストマキオン』

　ギリシア数学文献の大半は，ラテン語訳される前にアラビア語に訳されています．ムハンマド(632没)が創始したイスラーム教は，アラビア語を共通語とする大文化圏を形成し，とくに8世紀半ばにバグダードに都を定めたアッバース朝では，数学を含むギリシアの学術文献は熱心に研究・翻訳され，今となってはアラビア語でしか残っていないギリシアの文献も少なくありません．

　1899年に『ストマキオン』というアルキメデスの著作のアラビア語訳の断片がはじめて公刊されました．これは著作の最

初のごくわずかな部分の断片で，正方形をさまざまな形の 14 個の図形に分割することまでは分かるのですが，その目的が何であるかは長い間不明でした．ところが最近になって，この著作はこれら 14 個の図形で正方形を埋め尽くすパズルの解の個数を論じたもので，組み合わせ論の計算を目的としていたという解釈が提出されました(ただしストマキオンという語の用例には，この種のパズルを意味するものがないという疑いがあります)．

　もともとアルキメデスには，前に触れた『砂粒を数えるもの』や，答が最低でも 20 万桁になる不定方程式の整数解を扱う『牛の問題』など，大きな整数の扱いを伴う著作があります．近年，古代ギリシアでの順列組み合わせ論が注目されていることもあり，数学者，技術者と並んで幾何学と機械学と並んで「計算家」がアルキメデスの第三の顔だったと言えそうです．

C 写本の発見

　しかしアルキメデスの場合は，アラビア語写本よりも，1906 年に再発見されたギリシア語写本がはるかに重要でした．これが他ならぬ C 写本，クリスティーズの競売に登場した写本です．

　C 写本は長い間，エルサレム南東の砂漠の中にある聖サバス修道院にありました．この修道院は 5 世紀に聖サバスが創設したと伝えられます．写本は 19 世紀の初めにエルサレムの聖墳墓教会の在イスタンブール分院(メトキオン)に移されまし

た(以下ではギリシア語の「メトキオン」を使いますが,現在の東方教会ではロシア語の「ポドヴォリエ」が使われます).

この祈禱書の下に数学の著作が書かれていることに最初に気づいたのは,イスタンブールでメトキオンの図書館に立ち寄った聖書研究者のティッシェンドルフ(1815-1874)でした.1846年のことです.このことが写本の目録に記載され,ギリシア数学の研究者ハイベアがそれを知るに至るのはさらに半世紀ほど後になります.

ハイベアによる調査

デンマークの学者ハイベア(1854-1928)は現在研究者が利用するギリシア数学文献の校訂版の大半を作製した人です.校訂版とは複数の写本を参照したうえで,文献学の手続きに従って,最も原典に近いと考えられるテクストを再構成したものです.ユークリッド(エウクレイデス)の『原論』,プトレマイオスの『アルマゲスト』,そしてこの本のテーマであるアルキメデスの著作は彼の校訂版が今でも利用されています.超人的な仕事ぶりと言えるでしょう.

話はイスタンブールの写本に戻ります.ハイベアはこの写本を取り寄せて研究しようとしました.当時は研究者の求めに応じて写本を貸してくれる図書館も多かったのです.(今は代わりにマイクロフィルムか画像ファイルを送ってくれます.)しかし貸出は拒否され,ハイベアは1906年に自らイスタンブールに出向きました.祈禱書の文字の下には,すでにアルキメデスのギリシア語著作集を刊行していた彼にとってはおなじみの

『球と円柱について』もありました．また，メールベケのラテン語訳でしか知られていなかった『浮体について』のギリシア語テクストや，アラビア語断片しかなかった『ストマキオン』の断片も見つかりました．

『方法』の発見と行方不明になった写本

しかし最大の発見は，それまで，『方法』という，短い書名のみがいくつかの文献で伝わるだけで，内容不明であった著作が，このC写本に含まれていたことでした．その標題は『エラトステネスに宛てた機械学的定理に関する方法』というものでした(今後は『方法』と呼びます)．

これは，図形の体積や重心を求めるのに，その図形を仮想的な天秤にかけ，無限に小さい切片に図形を分割して再び組み立てるという大胆な手法を利用する，非常に魅力的な著作です．そこには求積法と機械学という2つの要素，言うなれば数学者アルキメデスと技術者アルキメデスが見事に融合しているのです．この著作は，もはや新しい資料などないと思われたギリシア数学史研究において，20世紀最大の発見でした．その内容については第6章で詳しく見ていきます．

ハイベアは写本を全部調査する時間がなかったので，間に合わない分は現地在住の写真家に撮影を依頼し，さらに1908年に再度イスタンブールを訪れ，『方法』のほぼ全体を解読し，C写本に含まれる他の著作についても，C写本の読みを取り入れて校訂をやり直し，新たなアルキメデスの校訂版を1915年に完成させます．『方法』については，このハイベアのテク

ストに基づいた日本語の全訳も出ています．こうしてアルキメデスの著作の1つが20世紀に復活したわけですが，C写本をめぐる物語はここで終わりではありません．

この後C写本は1998年まで，姿を隠してしまうのです．ハイベアは『方法』をほとんど解読していたのですが，残りの部分を見てみたい，あるいはハイベアの読みをもう一度確かめたいと思っても，写本がなくてはどうにもなりません．こうして研究者たちの満たされない思いをよそに，20世紀の大半は過ぎ去っていきました．

唯一の慰めは1971年にC写本の一葉が発見されたことでした．若き日のオックスフォード大学のナイジェル・ウィルソン(Nigel Wilson)教授は，ケンブリッジ大学に妙な数学写本が一枚だけあるという話を米国のブラウン大学で聞き，帰国後にケンブリッジに出向いて，その写本が紛失したC写本から切り取られた一葉であることを確認しました．これはティッシェンドルフがイスタンブールでこっそり切り取って盗んできたものでした．このときには，紫外線ランプで照らすと消されたテクストが読みやすくなることはすでに知られていました．その理由は後で説明しましょう．

再登場した写本

クリスティーズの競売のために持ち込まれた写本を調査し，解説の冊子を執筆したのもナイジェル・ウィルソン教授でした．写本の状態は実にひどいものでした．1世紀足らずの間に，写本はハイベアが閲覧したものとは別物と言いたいほど

痛んでいたのです．不適切な保存のため，写本はカビだらけでした．写本を調べていたウィルソン教授の脇を通りかかった同僚は「気をつけて！ その写本は有害だよ」と忠告してくれたそうです．

文字はひどく不鮮明で，穴があいてしまった箇所もありました．写本のページのうち3枚が紛失していました．後で述べるように，現代のコンピュータ技術を駆使した画像処理で，写本はかなり読みやすくなったのですが，ハイベアの白黒写真のほうが鮮明な箇所は少なくありません．それに，穴が開いた箇所，紛失したページはどんな技術があっても後の祭りです．

さらに不可解だったのは，写本の4つのページにそれぞれ福音書作者のヨハネ，マタイ，マルコ，ルカの中世風の細密画が描かれていたことです．この細密画は20世紀に偽造されたものです．なぜなら配色が中世のものと違いますし，第一，ハイベアはこれらの画について何も述べておらず，今は細密画で覆われているページのテキストも読んで記録しているからです．

イスタンブールからニューヨークまで

この間の事情はごく最近になって，ようやく明らかになってきました．2011年刊行の文献[8]で初めて明かされたことも少なくありません．(2007年の文献[7]は一部訂正が必要です)．

第一次世界大戦後，トルコではなお戦争が続き，1923年のローザンヌ条約により，アタテュルクらのトルコ共和国が国際的に認知され，新たに画定された国境線に基づき，トルコとギリシアの住民交換が行なわれます．トルコからギリシアに

移住した正教徒は百万人にもなります．この状況の中で聖墳墓教会のメトキオンの蔵書はこっそりアテネに移されますが，個別に売却されて，現在は欧米の図書の所蔵となっている写本も少なくありません．アルキメデスのC写本は，イスタンブール生まれでパリで骨董商を営んでいたサロモン・ゲルソン(1872-1970)が，1932年にはその買い手を探していたので，ゲルソンがイスタンブールで入手したと考えられます．以前は盗まれたと考えられていましたが，そう考えねばならない理由はないようです．

偽造の細密画はゲルソンが描かせたものであることが分かりました．他にも彼が販売した偽造の細密画があり，それらの図案はどれも1929年にアンリ・オモンが出版した，ギリシア写本の細密画集から写したものだったのです．本は白黒だったので，色までは真似できなかったというわけです．また，行方不明になった3葉も，それに向かい合うページに顔料が付着していたことから，似たような画が描かれたことが分かりました．この3葉はばらばらに売られたものと思われ，いまだに行方不明です．

一方，ゲルソンの書簡から，遅くとも1934年には，彼はこの写本がアルキメデスのパリンプセストであることに気づいていて，オックスフォードのボードリアン図書館やパリの国立図書館に写本の買い取りを持ちかけていたことが分かりました．国立図書館の担当者は上述のアンリ・オモンでした．買い取りが成立しなかったのは価格の問題でしょう．ゲルソンはアルキメデスの写本に相当の価値があると考えていたわけです．

一方で偽造画のうちヨハネとマタイのものには，1938年に初めて発売された顔料が使われていることも分かりました．ゲルソンは，貴重なアルキメデスの写本と承知の上で，その上に偽造の細密画を描かせたのです．なぜでしょうか．

　ゲルソンはナチスの強制収容を逃れるために1942年にイスタンブールへと脱出しています．ゲルソンの孫によれば，そのときに，この写本はマリー゠ルイ・シリエ(1884-1956)に売却されたとのことです．

　レジスタンスの活動をしていたシリエは写本を受け取る代わりにゲルソンの脱出の手配をしたようです．そしてゲルソンが貴重な写本に偽造の細密画を描かせた理由ですが，ナチスがパリで美術品をあさり回っていた1942年には，その方が高く売れそうだったから，というのが，ウィリアム・ノエルの推理です．ノエルはこの写本を落札者から寄託されたボルティモアのWalters Art Museumの学芸員で，写本の調査・研究・解読のプロジェクトで活躍しました．彼はこの推理を，映画の題名にちなんで〈カサブランカ〉的仮説と呼んでいます(文献[7])．

　パリは1944年8月に連合軍によって解放され，ゲルソンはその翌年にパリに戻り，シリエの娘アンヌ・シリエは1946年にゲルソンの息子ロベール・ゲルサンと結婚します．ロベールは戦争中，ルクレール将軍の率いる自由フランス軍に加わってフランスを離れていました．なお，父がゲルソンで息子がゲルサンと姓が異なるのは，移住の際の手続の結果であることが最近分かりました．

　ここからは文献[8]の推測になりますが，ロベールとアンヌ

は，パリに戻った父サロモンに写本はもう手元にないと言って，高齢の父が亡くなってから売却しようと考えていたようです．ところが，サロモンが百歳に迫る1970年まで存命であったため，その間写本を処分できなかったのでしょう．実際，1970年以降，ゲルサン家は写本の売却のために動き出します．その後も紆余曲折があり，結局C写本は1998年になってクリスティーズの競売に登場することになりました．

落札者は誰

200万ドルでこの写本を落札した人物については，シリコン・ヴァレーのIT産業で財を成したという以上のことは公開されていません．

当然，多くの大学や博物館が再発見されたC写本の調査を希望しましたが，写本の新しい所有者は，Walters Art Museumを選びました．ウイリアム・ノエルは，こんなエピソードを語っています．このオーナーはラフなダッフル・バッグを手に提げて博物館を訪ねてきたそうです．それをノエル氏のオフィスの机の上において，昼食をとりにいこうと二人で外出し，その席で「写本を寄託することを考えていただけただけでも有難いことです」とノエル氏が切り出すとオーナーの返事は「いや，もう預けてありますよ，あのバッグの中です」．食事が終わるまでノエル氏は気が気でなかったに違いありません．2億円の写本が自分のオフィスの机の上にあるというのですから．

なお，オーナーは写本を寄託しただけでなく，その後の研究

に必要な経費も定期的に寄付してくれたそうです．富裕な人は社会的に有益な事業に寄与すべきであるという考えが欧米の社会に深く根付いていることを感じさせる話です．

紫外線ランプの下で

すでに述べたように，写本はひどく傷んでいましたが，それでも再発見された写本の調査から得られた成果も少なくありません．現在の祈禱書はアルキメデスの写本の見開き2ページ分の羊皮紙を半分に切って縦横を入れ替え，もとの1ページ分を2つに折って再利用しています．本の大きさは半分になっているわけで，もとのテキストのちょうど真ん中の行のあたりで折って製本してありますので，ハイベアもその部分を読むことはできませんでした．今回の調査では製本を外して写本をばらばらにして，ハイベアも見ることができなかった行を読むことができるようになりました(図 3.2, 図 3.3 参照)．

さらに，すでにケンブリッジにある1葉で知られていた紫外線ランプが活躍します．通常光の下では非常にかすかで，ほとんど見えないテクストが紫外線の下では見やすくなるのは，羊皮紙の蛍光現象によるものです．蛍光とは一般に，光に照らされた物体が，その光をいったん吸収し，別の周波数の光を放つ現象です．紫外線で照らすと羊皮紙が蛍光現象を起こし，インクがのっている場所よりも明るくなり，かすかなインク跡でもコントラストがついて読み取りやすくなるのです．

私は写本の調査をしているスタンフォード大のリヴィエル・ネッツ(Reviel Netz)氏に誘われて 2001 年 1 月に 3 日間だけ

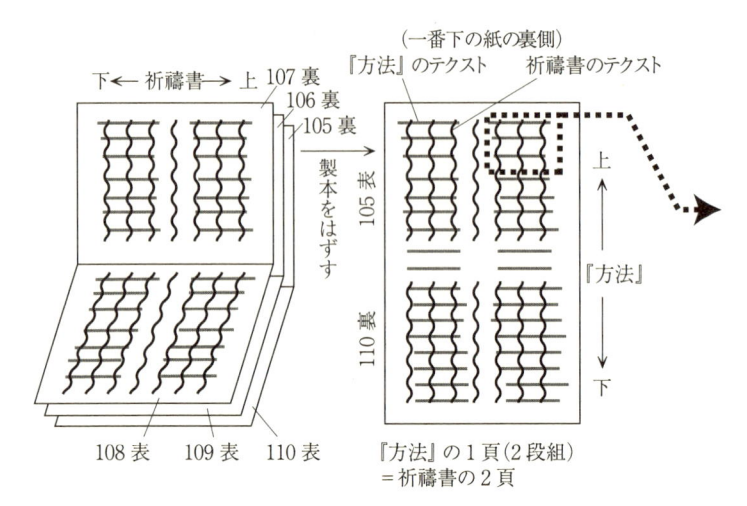

図 3.2 C 写本は羊皮紙を2つに折ったものを3~4枚ずつ入れ子にしたもの(これを折丁という)を重ねて製本されている．その一部，「個数が等しい」という文字が読み取れた箇所を示す．もとのアルキメデス写本も同様に製本されていたと考えられる．その羊皮紙は現存する C 写本の2倍で，C 写本はもとの写本の羊皮紙を半分に切って利用している．写本のページ番号は，ページごとではなく，一葉ごとにつけられ，表と裏を r(recto)，v(verso)で区別する．

彼とともにボルティモアで写本を閲覧しました．眼の保護のため，スキーでするようなゴーグルをつけて(私はついでに手や顔にたっぷり日焼け止めを塗っておきましたが)，紫外線ランプの下に映るかすかな文字の痕跡を追うのはとてつもない作業です．

　ここにこんな線があるよ，ここに丸みたいのがあるけど……

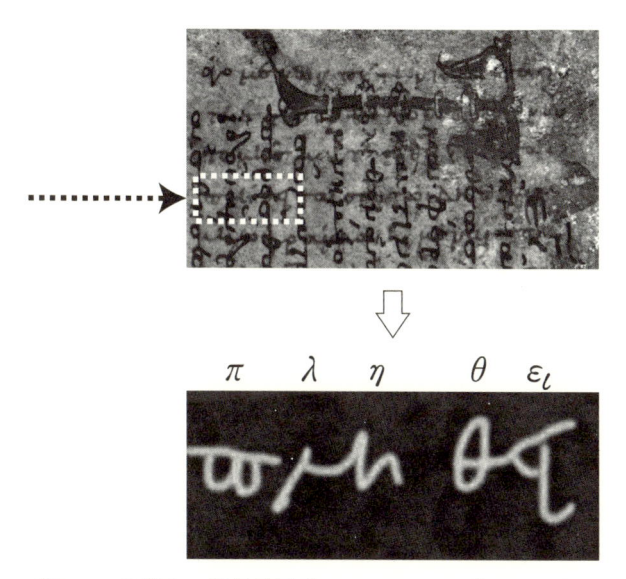

図 3.3 C 写本の紫外線写真. π, λ, η, θ, そして ϵ と ι の合字が順に確認できる. 写真は Roger Easton による. 著作権は写本の所有者にある.

いや，それは祈禱書のテキストのほうじゃないの？ えーと，この並んだ丸 2 つがパイだよね，次は……えーと，左下に線が突き出してるから，これはラムダで決まりね，とまあこんな感じで一文字ずつ読んでいくわけです．もちろん，この作業ができるのも，製本の糊を取り除いて，写本から羊皮紙を 1 枚ずつはずして広げる作業をしてくれた専門家のおかげです．

コンピュータの威力

ちなみに，この少し後に写本の閲覧は劇的に簡単になりまし

	通常光写真 R(赤)成分	紫外線写真 B(青)成分
背景の羊皮紙		
アルキメデス		
祈禱書		

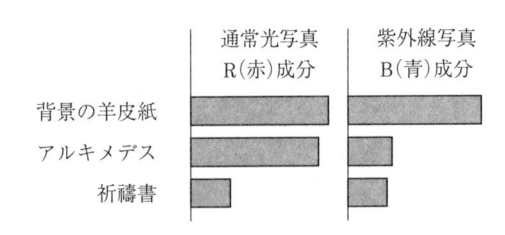

図 3.4 通常光写真と紫外線写真における背景と 2 つのテクストの明るさ(イメージ).

た.ジョンズ・ホプキンス大学のロジャー・イーストン (Roger Easton)らのグループは,アルキメデスのテクストが赤く,上書きされた祈禱書のテクストがグレーないし黒に見える,「疑似カラー画像」を作成することに成功しました.

通常のストロボ光で撮った写真では祈禱書のテクストだけがよく見えて,アルキメデスのテクストは非常に薄く,背景との区別が困難です.一方,紫外線写真では,背景の蛍光現象で両方のテクストが暗く浮かび上がりますが,こんどはアルキメデスのテクストと祈禱書との区別が困難です.

撮影はデジタルカメラですから,コンピュータには,各ピクセルごとに RGB(赤緑青)の三原色ごとの明るさが記録されています(図 3.4).通常光写真では,アルキメデスのテクストはもともと薄いうえに,インクが赤みがかっているので,R(赤)成分は背景に近い明るさです.祈禱書のテクストはインクが濃く,赤みがかってもいないので R(赤)は暗いままです.一方,紫外線写真では,背景の羊皮紙は,蛍光現象によって B(青)成分が明るくなっていますが,アルキメデスと祈禱書のテ

クストは暗くなっています．そこで通常光写真のR(赤)成分と，紫外線写真のB(青)成分を組み合わせて画像を作ります．G(緑)成分の値はB(青)成分と同じにします．すると，背景が明るく，祈禱書が暗い灰色で，アルキメデスのテクストだけが赤みがかっている画像が得られます．

疑似カラー画像の原理は以上のとおりですが，実際には細かい調整作業が必要で，大変な手間がかかっています．この画像によって写本の解読は劇的に容易になりました．しかもこの画像はインターネット上で公開されていますので，誰でも解読に参加できます(http://www.archimedespalimpsest.org)．

さらに蛍光X線分析(XRF)によって，アルキメデスのテクストのインクに含まれる鉄(これが赤い色の理由です)の分布を調べてテクストを復元する試みも行なわれています．顔料などを透過するX線を使いますので，細密画の下に隠されたテクストも復元できます．しかしX線は羊皮紙も透過するので，表と裏のテクストが同時に現れてしまいます．そこでそれを区別して，疑似カラー画像上で別の色で表す工夫がなされています．

ここで開発された種々の技法が，今後他の現存するパリンプセストの解読にも応用されることが期待されます．

C写本のテクストの出版

パリンプセストの全ページは，写本の疑似カラー画像と，解読したギリシア語テクストとを見開きページに配置した，B4版に近い大きな本で2011年に出版されました．詳細な解説と

あわせて2巻本です(文献[8]). ただし, 画像だけならインターネットからダウンロードした方が鮮明です.

出版後には解読したアルキメデスのテクストが場所によっては「読めすぎている」, つまり解読に想像が含まれているのではないかという批判もあり, テクストが確定するにはまだ時間がかかりそうです.

祈禱書には, アルキメデス以外の写本に由来する羊皮紙も使われています. その中でも重要なのは, 紀元前4世紀のアテネの弁論家ヒュペレイデスの著作が書かれた11世紀の写本5枚10ページ(祈禱書で20ページ)です. これまでヒュペレイデスの著作はわずかなパピルス断片しか知られておらず, 中世に写本が存在していたこと自体が新発見でした.

ヒュペレイデスは大弁論家デモステネスとともに, 台頭するマケドニアに対抗する論陣を張っていました. 発見された5枚のうち4枚は彼を訴えた政敵への反論で, 紀元前334年頃の著作です. そこには「最良のことは, 私が思うには, まず勝つことであり, また(勝てないのが)巡り合わせとあらば, 我々が闘ったような大義のために闘って敗北することである」という言葉があります. この言葉が, その1世紀後にローマ兵に殺されたアルキメデスの著作と, 偶然にも同じ祈禱書に綴じられて現代に伝わったことには感慨深いものがあります. ヒュペレイデスについては, 澤田典子『アテネ最期の輝き』(岩波書店)に詳しい記述があります.

新発見「個数が等しい」

さて，この疑似カラー画像が利用できなかった2001年1月の調査に戻りましょう．このときは写本のほんの一部を調べただけでしたが，そこで意外な大発見がありました．それはハイベアが読めなかった20行ほどのテクストが解読されたことですが，その解読はたった2つの単語，イサイ・プレーテイ（多において等しい＝個数が等しい）が読めたことが手がかりになりました．ここでアルキメデスは，無限にある図形の切り口に対して「個数が等しい」と主張していたのです．もともと『方法』という著作が無限個の切り口を考察する大胆な著作なのですが，その無限個に対して「個数が等しい」という主張は，さらに大胆です．現代の数学でさえ，無限の比較に関しては個数が等しいとは言わずに，濃度が等しいという特別な表現を使います．

一方でこの大胆な主張には，意外に堅実な数学的背景があります．簡単にいえば，それは既存のテクニックの拡張の中で出てきた表現であり，無限について哲学的考察から突然飛び出してきたのではないのです．その意味で「（無限にある図形の）個数が等しい」という表現は，数学者としてのアルキメデスの偉大さを再認識させるものといえます．

このことをもう少し詳しく説明するには，やはりアルキメデスの数学の内容を多少は立ち入って見ていく必要があります．次章からアルキメデスがどのような天才であったのかを彼の著作に即して見ていくことにしましょう．

第4章 二重帰謬法の発明

発見法と証明法

アルキメデスによる体積決定は，(1)厳密な証明を伴う「二重帰謬法」という議論によるものと，(2)著作『方法』で使われる発見的方法によるものとに分けられます．この(1)はアルキメデスより百年と少し前のエウドクソス(前390頃-337頃)によって発明された方法ですが，これをアルキメデスは劇的に改良しました．この改良の内容は，比較的初期の著作『球と円柱について』における球の体積決定と，後期の著作『円錐状体と球状体について』を比較すると非常によく分かります．そしてアルキメデスによって改良された「二重帰謬法」は，16世紀の数学者によって熱心に研究され，続く17世紀の微積分の発明を準備することになったのです．

一方，(2)の発見的方法を用いる『方法』は，アルキメデスの最晩年の著作で，その序文によれば，彼が若い頃からこっそり使っていた発見法を公開するものです．そうやって発見した結果を(1)の二重帰謬法で証明してきたというわけです．この発見法には厳密性の点で問題がありますが，非常に大胆で魅力的な議論です．ただし，すでに述べたようにこれが再発見されたのは1906年のことですので，近代数学の成立に直接の影響

を持つことはありませんでした．

しかし第3章で紹介したとおり，2001年に『方法』の一部が新たに解読されました．この新解読部分から，アルキメデスがこの著作でも，議論の精密化と能率の良さを両立するための努力をしていたことが明らかになりました．その努力の方向は，アルキメデスのこの著作の存在さえ知らなかった17世紀初頭の数学者たちと驚くほど似ています．これを偶然と言うか，論理的な必然と言うかはともかく，もしこの著作が早くから知られていれば，微積分の発明はもう少し早かったかもしれません．

本章と次章では，近代の数学に大きな影響を持った(1)の二重帰謬法とその発展を紹介し，第6章で著作『方法』について見て行きます．

二重帰謬法とその展開

アルキメデスが面積・体積決定の証明法として用いた二重帰謬法は上で述べたエウドクソスの発明とされ，すでにユークリッドの『原論』(前3世紀前半)で使われています．

以下では歴史的な順序に沿って，まずエウドクソスの二重帰謬法を紹介し，アルキメデスがどのようにこの方法を改良していったかを見ていきます．そこからアルキメデスが乗り越えねばならなかった困難が浮かびあがってくることになります．

デモクリトスの発見とエウドクソスの証明

アルキメデスは『方法』の序文でこう述べています．

エウドクソスが最初にその証明を見出した円錐と角錐についての定理，すなわち円錐は同高同底の円柱の3分の1であり，角錐は同高同底の角柱の3分の1であるという定理に関して，デモクリトスにも少なからぬ貢献を認めるべきでしょう．彼はこれらの図形に関するこの性質を証明なしで述べたのですから．

つまり円錐〔の体積〕が円柱〔の体積〕の3分の1であるという定理を発見したのはデモクリトスで，それをはじめて厳密に証明したのがエウドクソスだということになります．なおこのような場合に，古代の数学者は「体積」という言葉を使わずに，円錐が円柱の3分の1という言い方をします．以下でもこの表現を使います．

さて，デモクリトスはソクラテスと同年輩(前470頃生)あるいは10歳ほど下で，非常に長命を保った人物です．109歳で亡くなったという伝承さえあります．原子論を唱えたことでもデモクリトスは有名です．原子論がプラトンやアリストテレスに嫌われたこともあって，デモクリトスの膨大な著作はわずかな断片以外は残っていません．彼が円錐の体積を正しく認識したことも，アルキメデスの『方法』が発見されなかったらまったく知られていなかったところです．逆にこれだけ嫌われていたデモクリトスに，あえて重要な数学上の発見を帰するアルキメデスの言葉は信頼すべきだと思われます．

エウドクソスの証明

ユークリッド『原論』の第12巻には，円錐が円柱の3分の1であることの証明があり，これがエウドクソスに遡るものと考えられています．

今ならこの性質は高校程度の微積分で簡単に証明できます．円錐の求積は2次関数 $y=x^2$ の積分に帰着されて，積分で係数3分の1が出てきます．しかし積分のなかった古代では話はそう簡単ではありません．

一番問題になるのは，曲面で囲まれた図形である円錐や円柱の体積について厳密に議論するには，現代でいえば極限の概念が必要だということです．この問題をエウドクソスは見事に解決しています．『原論』によって彼の議論を見ていきましょう．

角錐なら角柱の3分の1

同高同底の角錐と角柱に関しては，角錐が角柱の3分の1であることはすでに分かっています(実は角錐と角柱の関係を得るためにも「二重帰謬法」が使われます．しかしここではこの性質は既知としましょう)．

この結果を円錐と円柱の関係に拡張することを考えます．同高同底の円錐 C と円柱 K を考え(図4.1)，その底面の円に正多角形を内接させ，これを底面とする角錐 C_n・角柱 K_n を作図し，底面の多角形の辺をどんどん増やしていけば，角錐と角柱は円錐と円柱にそれぞれ限りなく近づきます．角錐はつねに同高同底の角柱の体積の3分の1ですから，円錐も円柱の3

第 4 章 二重帰謬法の発明　59

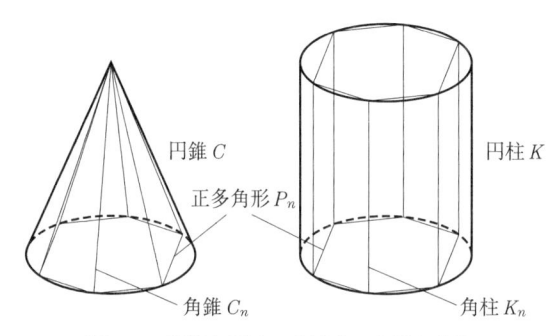

図 4.1 円錐と円柱に内接する角錐と角柱.

分の 1 であることは直観的に明らかです．そして我々は極限という概念によって，この直観を厳密な証明に変えることができます．

しかしギリシア人は直観だけでは証明と認めませんし，極限という数学的ツールを持ち合わせていませんでした．その代わりにエウドクソスが考えたのは，円錐が円柱の 3 分の 1 でない場合に矛盾が起こることを示すことでした．

二重帰謬法の利用

つまり，帰謬法(背理法)を使うのです．円錐が円柱の 3 分の 1 であることを直接証明するのでなく，3 分の 1 より大きいか，あるいは小さいと仮定して矛盾を導くわけです．

もう少し具体的に見ていきましょう．さきほど説明したように，同高同底の円錐 C と円柱 K に，同じ正多角形 P_n を底面とする角錐 C_n と角柱 K_n を内接させます．

角錐が角柱の 3 分の 1 であることはすでに分かっています

($C_n = \frac{1}{3} K_n$). ここで仮に, 円錐 C が円柱 K の 3 分の 1 より大きいと仮定します.

$$C > \frac{1}{3} K$$

すると正多角形 P_n の角の数を増やしていくと, C と C_n の差はいくらでも小さくなりますから,

$$C > C_n > \frac{1}{3} K$$

となる角錐 C_n をとることができます. 角錐 C_n の 3 倍はもちろん角柱 K_n です. だから,

$$K_n = 3C_n > K$$

となり, 角柱 K_n のほうが円柱 K より大きくなります. しかしこの角柱は円柱に内接していますから, これは矛盾です. 逆に円錐が円柱の 3 分の 1 より小さいと仮定すると, 円柱より小さく, 円錐の 3 倍より大きい内接角柱が存在することになり, 同様な議論で矛盾が得られます. したがって円錐は円柱の 3 分の 1 より大きくも小さくもなく, 等しいことが証明されます. このように帰謬法 (背理法) を 2 回使うので, この方法を本書では二重帰謬法と呼ぶことにします.

二重帰謬法の 3 つのステップ

以上がエウドクソスの発明した証明の方法です. 立体図形だけでなく, 平面図形にも同様に適用できます. なおここでは円錐・円柱に内接する角錐・角柱だけで議論が済みましたが, 後

で見るように外接図形も必要になることがあります．

この証明は次の3つのステップにまとめることができます．
1. 面積（体積）を決定したい曲線（曲面）図形に対して適当な内接図形を作図する．
2. この内接図形に対して成り立つ関係を確認する．
3. 帰謬法を2回使って，内接図形に対して成り立つ関係が，問題の図形にも成り立つことを確認する．

要するに，曲線図形を直線図形で近似しておいて，直線図形に対して成り立つ関係が，問題の曲線図形に対しても成り立つことを示すために帰謬法を使う，ということです．

二重帰謬法は難しいか

二重帰謬法は見事な議論ですが，それを適用するのは容易ではありません．実際，『原論』にはここで扱った角錐・角柱と円錐・円柱の関係の他には，2つの円の比が直径上の正方形の比になること，2つの球の比が直径の3倍比（現代的に言えば3乗の比）になることの2つの結果が証明されているだけです．

その後アルキメデスが出現するまでにはかなりの年月があったはずですが，その間の成果はまったく知られていません．二重帰謬法はどうして難しいのでしょうか．

この方法では，帰謬法を2回適用する煩雑さが有名で，この難しさが欠点であったかのように言われますが，これは完全に誤解です．慣れてしまえば二重帰謬法の適用はただのルーティンで，面倒くさい作業ではありますが，これが本質的な困難というわけではありません．

次に，帰謬法を適用するということは，結論が先に分かっていてそれを否定する仮定をしてみるということです．結論が分かっていないと適用できないから探求方法として問題があったという説明もよく見られます．これは核心の一部を突いている議論です．もう一度上でまとめた二重帰謬法の手順を見直してみましょう．

二重帰謬法は求積法のごく一部

二重帰謬法の議論は求積法の最後のステップに現れます．その前にまず問題の図形を近似する図形（たいてい直線・平面図形です）を作図する必要があります．それだけなら簡単ですが，この近似図形の面積や体積に関して，簡潔な関係を見つけなければなりません．そしてその関係が二重帰謬法によって曲線・曲面図形にも成立することが確認されるのです．

円錐と円柱の例では，角錐が角柱の3分の1であって，その関係は，底面の多角形の角の数がどんなに大きくても成り立つ，ということがポイントでした．近似図形は，曲線・曲面図形を近似するわけですから，当然，非常に角の多い多角形や，多数の細かい図形から構成されます．すると，それらに対する関係を求めることは，一般的には容易ではありません．角錐と角柱は，底面が多角形の場合には，それぞれ3角錐と3角柱に分解でき，3角錐は3角柱の3分の1ですから，同じ底面を持つ角錐が角柱の3分の1であることが分かりますが，これは非常に幸運なケースです．

ここに二重帰謬法を実際に適用する際の最大の困難がありま

す．エウドクソスがやったことは，最後の極限操作に相当するステップを厳密化することで，それは実は面積・体積決定の最も困難な部分ではないのです．

山登りにたとえれば，二重帰謬法とは，はるか彼方の頂上直下の最後の絶壁をよじ登るロッククライミングの方法のようなものです．それは確かに目につきますが，そもそも頂上はどこにあって，頂上直下まではどうやってたどり着くのか（どんな近似図形を使って，どのような関係を得ることができるか），ということは，個々の登山家＝数学者の力量にまかされていたのです．

そして，この近似図形の作図に天才的な力量を発揮し，さらにその方法をある程度まで一般化することによって二重帰謬法を劇的に進歩させたのがアルキメデスだったのです．

エウドクソスの限界

さて，エウドクソスによる二重帰謬法の議論には，面積や体積決定につきものの和の計算に相当する部分がありません．曲線（曲面）図形の求積の手続きといえば，積分法を使うのでない限り，細かい近似図形を作図して，その面積（体積）を求めるために級数の和などを用い，最後に極限操作によって求める図形の面積（体積）が得られるというものであるはずです．それなのに，級数の和に相当する議論がないのはなぜでしょう．

上で見たエウドクソスの議論では，円錐を近似するために正多角形（実際には正方形から出発して辺の数を順次2倍にしていくので正2^n角形）を作図するという近似の過程はあります

が，近似図形の和を求める議論はどこにもありません．ここでは円錐と円柱という，いわば同種の2つの図形が比較されているので，和の計算によって新たに図形の面積(体積)を得る必要がないのです．二重帰謬法の3つのステップのうち，2番目の

2. この内接図形に対して成り立つ関係を確認する．

では，既知の関係(たとえば角錐が角柱の3分の1)がそのまま確認されているに過ぎません．

そういう眼で見ると『原論』での二重帰謬法の適用例は，どれも同種の図形の比較で，本当の意味での求積は一つもありません．この壁を越えたのがアルキメデスです．

アルキメデスの革新——『放物線の求積』

既知の結果の拡張(角錐から円錐，多角形から円など)ではなく，まったく新しい求積の結果を最初に得たのは，アルキメデスでした．その最初の成果は，放物線の切片が，内接3角形の3分の4倍であるというものです．これはドシテオスに送られた一連の著作(p.28)の最初の『放物線の求積』で証明されています．

証明は2通りあって，仮想的な天秤を使うものと(仮想天秤については第6章で説明します)，等比級数の和を利用するものがあります．この後者を見ていきましょう．放物線ABCを直線ACで切った切片をとります(図4.2)．点BはACに平行な接線の接点です．すると，3角形ABCはACを底辺とする切片内の3角形で高さが最大で，面積も最大になります．そ

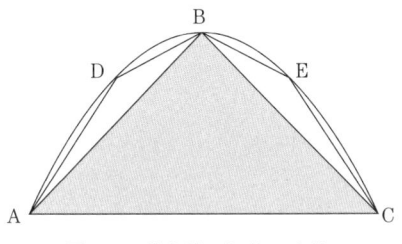

図 4.2 放物線の切片の求積.

れでは放物線の切片 ABC が 3 角形 ABC の 3 分の 4 倍であることの証明を見ていきましょう.

等比級数の利用

3 角形 ABC の面積を T_0 とします. 放物線の切片から 3 角形を除くと, 残りは最初より小さな放物線の切片 2 個になります. これらの切片に, 前と同様に, 最大の 3 角形 ABD, CBE を内接させます. するとこの 2 つの 3 角形はどちらも最初の 3 角形 ABC の 8 分の 1 となり, 2 つの和を T_1 とすると $T_1 = \frac{1}{4} T_0$ が成り立ちます(ここではこの証明を省略します). 3 角形 ABD と 3 角形 CBE を除くと 4 個の放物線の切片が得られますが, これらにまた最大の 3 角形を内接させると, それぞれが ABD や CBE の 8 分の 1 で, 4 個の合計 T_2 は T_1 の 4 分の 1 です. 以下同様に 3 角形を内接させていくと, 新たに内接される 3 角形の面積の和は公比 4 分の 1 の等比数列をなすことが分かります.

我々ならここですぐに無限等比級数の和の公式を使って, 切片 BAC の面積 S を,

$$S = T_0 + \frac{1}{4}T_0 + \frac{1}{4^2}T_0 + \cdots = \frac{4}{3}T_0$$

と求めることができます．

アルキメデスはその代わりに，まず一般に量 a に対し

$$a + \frac{1}{4}a + \cdots + \frac{1}{4^n}a + \frac{1}{3}\cdot\frac{1}{4^n}a = \frac{4}{3}a$$

という関係を証明します．これは等比級数の和の公式に相当しますが，無限級数ではないことに注意しましょう．無限級数の和とはつまり極限です．アルキメデスには極限の概念はなく，彼は有限の和に関する不等式を利用して，$S < \frac{4}{3}T_0$ および $S > \frac{4}{3}T_0$ のどちらの仮定も矛盾を引き起こすという二重帰謬法の議論を行なっています．

アルキメデスの新たな一歩

この証明では，放物線の囲む面積が，それとまったく種類の異なる図形である3角形の面積と比較されています．なぜ，エウドクソスと違って異種の図形が比較できたのでしょうか．それはアルキメデスが放物線の切片を近似する多数の3角形の和を，等比級数の和を利用して求めたからです．

これは簡単なようですが，実に画期的なことでした．二重帰謬法における近似図形の作図に，級数の和という別の成果を組み込むことによって，原理的に求積可能な図形の種類が一気に広がったのです．ここには，ささやかですが，現代の我々が知っている区分求積法に共通する要素があります．アルキメデス自身は思ってもみなかったでしょうが，彼が踏み出した一歩

は，幾何学の問題を代数計算で処理するという，17世紀に実現した近代数学へ向かう最初の一歩でもあったのです．しかしその後のアルキメデスの歩みは単純ではありません．

球の体積——円からの類推

『球と円柱について』は『放物線の求積』の次に書かれた著作です．ここで彼は，歴史上はじめて球の体積を決定しました．彼の結果は球が外接円柱のちょうど3分の2であることと，球の表面積が球の大円の面積の4倍であることでした．それまでは，2つの球の相互の比が直径の比の3重比（現代的に言えば3乗）になることしか知られていませんでしたから，これは画期的な成果です．

アルキメデスの証明を紹介するまえに，彼の方針を説明しておきましょう．まず，円はその周sに等しい直線を底辺とし，円の半径rを高さとする3角形に等しくなります．それならば，球は，その表面Sに等しい底面を持ち，球の半径rを高さとする円錐に等しいと予想します（図4.3）．このような同種の図形からの類推でアルキメデスの議論は始まります．

実は球の体積はこのような類推によらなくとも，放物線の切片と同様に，級数の和を使って求めることができます．実際，次章でアルキメデス自身による回転楕円体の求積を検討しますが，そこでは級数の和が使われていて，この方法は球に対しても当然適用できます（現代的な見方では球は回転楕円体の一種です）．

しかし回転楕円体の求積を行なった『円錐状体と球状体に

周 s の円

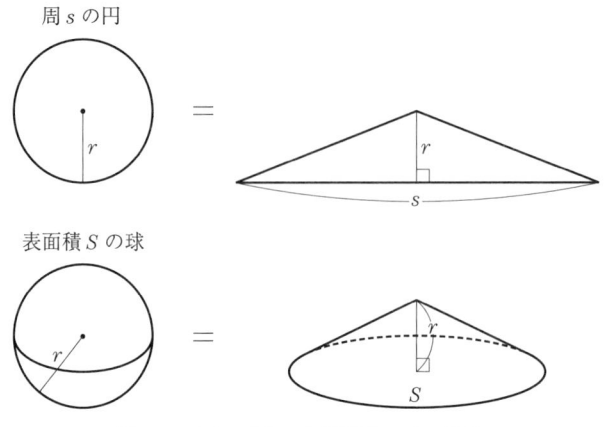

表面積 S の球

図 4.3 円の面積から類推する球の体積.

ついて』はもっと後の著作です．今から見ていく『球と円柱について』では，円と球の類似からの類推で球の体積を探求します．『放物線の求積』でアルキメデスは級数の和を利用したのですが，それが一般的な求積法になりうることを，まだ意識していなかったことが分かります．

内接立体の作図

さて，エウドクソスが円錐に角錐を内接させたように，球に内接する立体を作図します．球を円の回転体と考え，もとの円に正 $4n$ 角形を内接させます．図 4.4 は $n=3$ の場合です（ただしアルキメデス自身は n のような記号は使っていません）．この円と内接多角形が軸 AC の周りに回転して，球と，球に内接する立体ができると想像します．

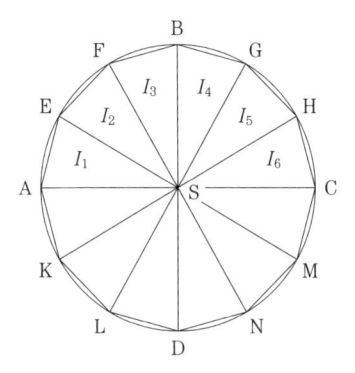

図 4.4 球の内接立体.

　さて，この内接立体の体積を考察しますが，そのためにこの立体を分割します．アルキメデスは中心 S と各頂点を結ぶ半径を引いて多角形を 3 角形に分割し，それぞれの 3 角形の回転体を考えます．まず左端の 3 角形 AES の回転体(I_1)は，底面を共有する 2 つの円錐を合わせた形です(図 4.5)．これは立体菱形と呼ばれます．次の 3 角形 EFS の回転体(I_2)は，2 つの立体菱形の差になります．その次の 3 角形 FBS の回転体(I_3)は，円錐と立体菱形の差です．残りの 3 つの I_4, I_5, I_6 はそれぞれ I_3, I_2, I_1 と対称です．

体積の和は表面積の和から

　当然，これらの立体の体積の和を求める必要があります．そのためにアルキメデスはこれらの立体をすべて，高さが共通な円錐に変形します．この背景には，内接立体も球と同様に円錐に変形できるという予想があったと思われます．つまり，底面

$I_1 =$ 立体菱形 SEAK

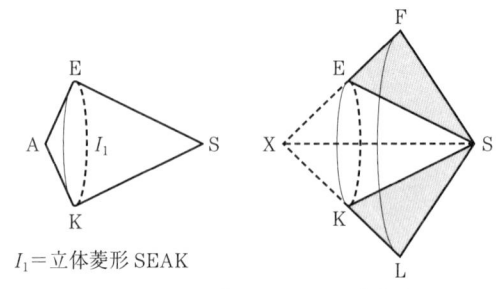

$I_2 =$ 立体菱形 SFXL − 立体菱形 SEXK

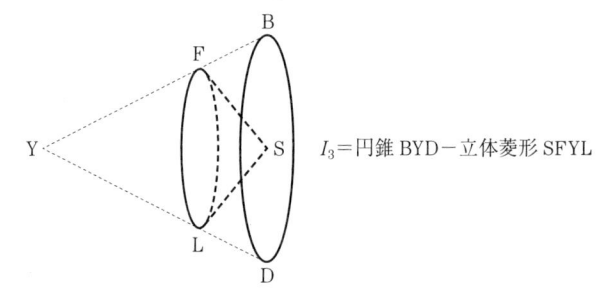

$I_3 =$ 円錐 BYD − 立体菱形 SFYL

図 4.5 分割された内接立体.

が内接立体の表面積に等しく，高さが中心から立体の表面までの距離（たとえば I_1 ならば S から AE に下ろした垂線）に等しい円錐が，内接立体に等しくなるという予想です．実はこのことが，上で分割してできた立体 I_1 から I_6 の 1 個 1 個に対して成立することをアルキメデスは証明します．

具体的に見ていきましょう．以下，内接立体 I_1 から I_6 の表面積をそれぞれ S_1 から S_6 とします．ただし表面積は，球の外側に向いた部分だけを考えます．

まず図の立体菱形 I_1 は，その表面 S_1（円錐 AEK の側面）に

等しい底面をもち，高さが中心 S から AE に下ろした垂線に等しい円錐に等しいことが証明できます．この垂線は何度も出てきますので，その長さを h としておきましょう．

次の I_2 は 3 角形 EFS の回転体で，これは立体菱形から別の立体菱形をくりぬいた形で一見厄介ですが，これも，表面 S_2（円錐台 EKFL の側面）に等しい底面をもち，高さが中心 S から EF に下ろした垂線（この長さも h です）に等しい円錐に変形できます．以下同様にして，結局ここに現れる 6 個の内接立体は，高さ h が共通で，底面がそれぞれの表面積 S_1 から S_6 に等しい 6 個の円錐に変形できることが証明されます．したがって内接立体全体の体積は高さ h，底面積 $S_1+\cdots+S_6$（すなわち内接立体全体の表面積）の円錐に等しくなります．このことは，円に内接させる正多角形の辺を増やして，もっと細かく分かれた内接立体を作図しても成り立ちます．球の体積についての最初の予想は「球は，底面が表面積に等しく，高さが半径に等しい円錐に等しい」というものでした．ここで得られた結果は，この予想が内接立体に対して成立することを示しています．先行きに希望が持てる結果です．

円錐の側面積

以上の証明の細部には立ち入りませんが，当然これらの証明のためには円錐の側面積が知られていなければなりません．円錐の側面積をアルキメデスがどのように定義し，求めたかということだけ簡単に説明しておきましょう．

アルキメデスはまず，図 4.6（左側）で 線分 AB＜弧 AB＜AC

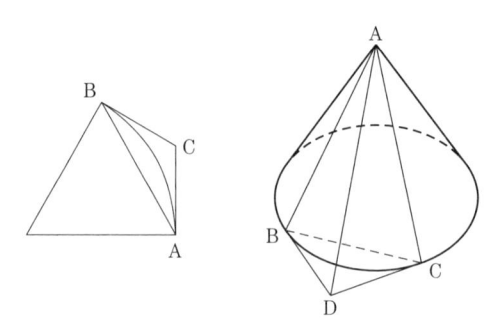

図 4.6 線と面の凹凸と大小.

+CB であることを仮定します．一方向にへこんでいる(凹凸が途中で変化しない) 2 つの線の両端が一致するときは，囲まれる(内側にある)方が短いということを一種の公準として証明なしに認めるのです．

曲面の表面積についても同様で，円錐の側面のように，一方向にへこんだ曲面は，囲まれる方が小さいと仮定します．たとえば図 4.6(右側)では円錐の側面 ABC より三角形 ABC が小さく，逆に三角形 ABD+ACD は円錐の側面より大きい，ということです．

そしてこの仮定を用いて，底面の半径が r，母線が g の円錐の側面は，半径 $\sqrt{rg}$ の円(アルキメデスの表現では，底面の半径と母線の比例中項を半径とする円)よりも大きくも小さくもないことを，二重帰謬法で証明します(図 4.7)．

また，円錐台についても同様な結果をアルキメデスは得ています．上下の底面の半径をそれぞれ r_1, r_2，これら 2 つの底面の間の母線を g とすると，円錐台の側面積は半径が

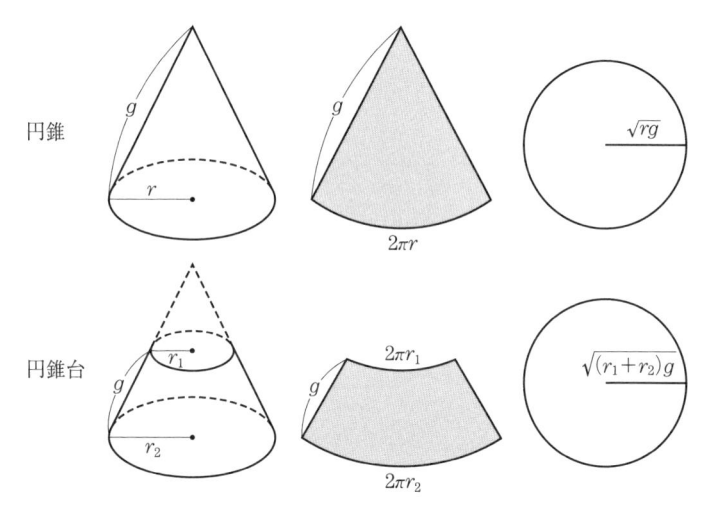

図 4.7 円錐と円錐台の側面積.

$\sqrt{(r_1+r_2)g}$ の円に等しくなります(図 4.7).現代の我々にとっては真ん中の展開図で台形の面積公式を思い出すと分かりやすいでしょう.

この結果を,さきほどの内接立体の表面積の和に適用してみます(図 4.8).以下,内接多角形の一辺(AE, EF, FB など)を l とします.最初の立体菱形 I_1 の表面積 S_1 は円錐 AEK の側面ですから,S_1 は半径 $\sqrt{\mathrm{EO}\cdot l}$ の円に等しく,次の I_2 の表面積は円錐台 EFLK の側面ですから,S_2 は半径 $\sqrt{(\mathrm{EO}+\mathrm{FQ})\cdot l}$ の円に等しくなります.S_3 に等しい円の半径は同様に $\sqrt{(\mathrm{FQ}+\mathrm{BS})\cdot l}$ となります.

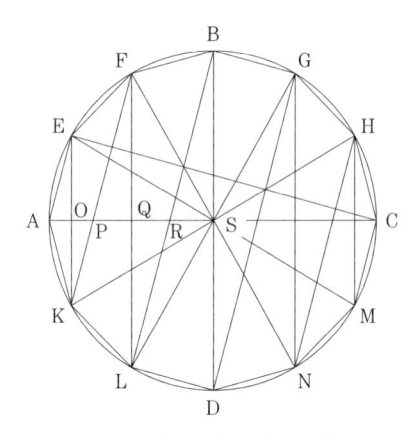

図 4.8 球の内接立体の求積.

表面積の和は弦の和から

内接立体の表面積は S_1 から S_6 までの和でした．面積 S_1 から S_6 はすべて円に変換されていますので，これらの円の面積を合計しなければなりません．

円の面積公式は πr^2 ですから，半径 $r_1, r_2, r_3, \cdots$ の円の面積の和は $\pi(r_1^2 + r_2^2 + r_3^2 \cdots)$ となります．つまり円の面積の和を求めるには，半径の平方の和を求めればいいのです．面積公式を使わずにアルキメデスの言葉遣いに近い言い方をすれば，これら 6 個の円の面積の和に等しい 1 個の円を考え，その半径を r_0 とすると，$r_0^2 = r_1^2 + r_2^2 + \cdots + r_6^2$ が成り立ちます．

そこで半径の平方の和を求めることを考えます．さきほどの計算から，$r_1^2 = \mathrm{EO} \cdot l$, $r_2^2 = (\mathrm{EO} + \mathrm{FQ}) \cdot l$, $r_3^2 = (\mathrm{FQ} + \mathrm{BS}) \cdot l$ などが分かっています．これらを全部加えて，2EO=EK などを利用

すると，
$$r_0^2 = r_1^2 + r_2^2 + \cdots + r_2^6 = (\text{EK}+\text{FL}+\text{BD}+\text{GN}+\text{HM}) \cdot l$$
となります．この右辺に現れるのは縦方向の平行な弦 EK, FL, BD, GN, HM の総和です．この和を s としましょう．すると
$$r_0 = \sqrt{s \cdot l}$$
となります．つまり，平行な縦の弦の長さの総和 s を求めれば問題は解決するのです．

こうして，内接立体の体積の問題は，その表面積を求める問題へ，表面積の問題は，直線の和を求める問題へと，順に次元を下げて単純化されていきます．といってもこれらの平行弦の和を求めよと言われても我々凡人は途方に暮れてしまいます．だいいち，ここでは弦が5本ですが，これはあくまで例であって，一般には内接正多角形の角の数はまったく任意で，弦が何本あるかわからないわけですから．

天才的な工夫

ここで再びアルキメデスはその天才を見せつけます．もう一度図をよく見てください．3角形 AEO, OKP, PFQ, QLR, RBS などはすべて直角3角形で，円周角の定理から，これらの3角形はすべて角が等しく相似です．しかも直径 AC を斜辺とする直角3角形 AEC もこれらすべてに相似です．すると EO : AO=OK : OP=FQ : PQ=LQ : QR=⋯ となり，この比例を利用して，(EK+FL+BD+GN+HM) : AC=EC : AE が

得られます．上の記号 s と l を使えば $s : \mathrm{AC} = \mathrm{EC} : l$ ということです．つまり $r_0^2 = sl = \mathrm{AC} \cdot \mathrm{EC}$ となります．

さて，ここで内接多角形の角の数を増やしていけば，EC は AC に近づきますから，$\mathrm{AC} \cdot \mathrm{EC}$，すなわち r_0^2 は AC^2 に収束し，内接立体の表面積は，直径 AC を半径とする円（すなわち大円の 4 倍の円）の面積に収束します．これが球の表面積です．

一方，内接立体の体積は，内接立体の表面積と等しい底面を持ち，高さが h の円錐に等しいことが証明されていました．内接多角形の角を増やしていくと，内接立体の表面積は，すでに述べたように大円の 4 倍に近づき，高さ h は球の半径に近づきます．したがって，内接立体の体積は，大円の 4 倍の円を底面とし，球の半径を高さとする円錐に収束します．これが球の体積で，それが球に外接する円柱の 3 分の 2 であることは簡単な計算からわかります．

アルキメデスは極限や収束という概念を持っていませんので，これらの結果を得るために，二重帰謬法を用いています．その詳細は省略します．

図形に即した近似手続

ここで見た放物線と球という 2 つの図形の求積は，どちらも内接図形を適宜作図し，その面積や体積を求めるために，級数の和に相当する議論を行なうという点で，現代の我々の区分求積法に共通する要素があります．

しかし，近似図形の作図そのものは，図形に即した，純粋に幾何学的な手続きで行なわれています．まず放物線ですが，放

物線に3角形を順次内接させていく手続きは,『原論』で円錐の体積を論じる際に,円に正多角形を内接させて,その辺を次々2倍にしていくことに似ています.

アルキメデスは恐らく放物線に対しても,この次々に2等分というやり方を試みたのでしょう.そしてアルキメデスがこの求積に成功したのは,近似の各段階で付け加えられる内接3角形の和が公比が4分の1の等比数列になるおかげです.これはどちらかといえば幸運な偶然です.

幾何学的直観からはじまる球の求積

次に球の求積をもう一度見てみましょう.この問題も我々ならたとえば原点を中心とする半径 r の円を x 軸に垂直な平面で切った切り口は $\pi(r^2-x^2)$ となることからアプローチするでしょう.この問題が平方の和 $\sum k^2$ に帰着されることは明らかです.

しかしアルキメデスのアプローチはまったく違います.彼は球を一種の円錐と見る幾何学的直観からスタートします.そして円錐の側面積に関する定理を駆使し,内接立体の表面積と体積を求める天才的な工夫で目的を達します.幾何学的な巧みな工夫で,級数の和に相当する議論が行なわれているわけです.

『放物線の求積』では等比級数の和を利用したのですが,次の著作『球と円柱について』では,いわば幾何学的アプローチをとったわけです.級数の和を利用することが面積・体積決定の標準的方法だという意識を,アルキメデスはまだ持っておらず,自分が遠い未来の「幾何学の代数化」に向かう一歩を踏み

出したことをまったく意識していないといえるでしょう．ところが後期の著作『円錐状体と球状体について』になると，この状況が大きく変わります．次章で，この著作での求積法の発展を見ていくことにしましょう．

第 5 章　定型化される求積法

『円錐状体と球状体について』

『円錐状体と球状体について』というのはなんともとっつきにくいタイトルですが，扱われるのは放物線，双曲線，楕円の3種類の曲線を軸の周りに回転して得られる回転体です．現代風に言えば回転放物体，回転双曲体，回転楕円体ですが，このうち最初の2つをアルキメデスは「円錐の形をしたもの」という意味で「コーノエイデス」(英語では conoid) と呼び，これを円錐状体と訳します．これに対して回転楕円体は球に似た形状ですので球状体というわけです．

放物線，双曲線，楕円は今でいう2次曲線ですが，古代ギリシアでは円錐を平面で切断してできる図形ということで，円錐曲線と呼ばれました．

さて，これらの回転体の体積を決定したのがこの『円錐状体と球状体について』という著作で，ドシテオスに送られた一連の著作の最後のものです．そしてここで使われる「二重帰謬法」はさらに改良され，定型化されています．

アルキメデスはこれらの回転体を任意の平面で切断して得られる切片の体積を扱っていますが，ここでは一番簡単な場合，すなわち軸に垂直な方向の平面での場合を紹介します．

回転放物体の近似立体

まず回転放物体の求積を見ていきます．図 5.1 の BAC は放物線です．これは平面の図ですが，この図から，軸 AD のまわりに放物線 BAC を回転してできる回転放物体を考え，それを，D を通って AD に垂直な平面 BDC で切断したと想像してください．アルキメデスはこの切片を，これに外接する円柱，つまり長方形 BEFC を回転してできる円柱と比較します．結論を先に言ってしまうと，問題の回転放物体の切片は外接円柱 BEFC のちょうど半分になります．

これを示すために，回転放物体を近似する外接・内接立体を考えます．軸 AD を細かく等分し，放物線に外接・内接する薄い長方形を描き，これらもすべて軸 AD の周りに回転します．するとこれらの長方形は回転放物体に外接・内接する薄い円柱になります．これらの円柱を外側の円柱 BEFC と区別するために小円柱と呼ぶことにしましょう．これらの小円柱から，回転放物体に外接・内接する立体を作ります．

図では軸を 6 等分していますので，外接立体は 6 個の小円柱から成り（$C_1+C_2+\cdots+C_6$），内接立体は 5 個の小円柱から成るわけです（$C_1+C_2+\cdots+C_5$）．外接立体をつくる小円柱は，そのすぐ下の内接立体の小円柱になり，外接立体の一番下の小円柱 C_6 が，外接立体と内接立体の差になります．軸の分割を細かくすると，この差はいくらでも小さくなります．

さて，これらの小円柱は高さが等しいので，その体積は底面積に比例し，底面は円ですから，その面積は半径の平方に比例

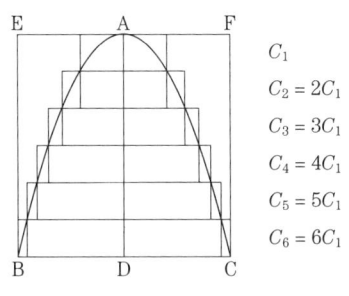

図 5.1 回転放物体の求積.

C_1
$C_2 = 2C_1$
$C_3 = 3C_1$
$C_4 = 4C_1$
$C_5 = 5C_1$
$C_6 = 6C_1$

します．放物線の性質から，この半径の平方は頂点 A からの距離に比例します．そこで，これらの小円柱の体積は等差列をなします(等差数列と言いたいところですが，体積は「数」ではないので等差列と言っておきます)．その和は等差数列の和の公式を準用して簡単に求められます．

アルキメデスはこの和を直接求める公式は使わずに，不等式でこの和を評価しています．そのほうが最後の二重帰謬法の証明で使いやすかったからでしょう．結論だけ述べると，外接立体は外側の円柱 BEFC の半分よりつねに大きく，内接立体は同じ円柱の半分よりつねに小さくなります．ここから，回転放物体が円柱 BEFC のちょうど半分であることは二重帰謬法で証明します．

立体が変わっても方法は同じ

この議論には，これまでのアルキメデスの求積になかった特徴があります．それは，同じ方法が他の立体にも容易に適用できることです．実際，アルキメデスはまったく同じ方法を回転

$$A_1 = \pi h r^2$$
$$A_2 = \pi h r^2$$
$$A_3 = \pi h r^2$$
$$A_4 = \pi h r^2$$
$$A_5 = \pi h r^2$$

$$C_1 = \pi h \left(r^2 - \left(\tfrac{4}{5}r\right)^2\right)$$
$$C_2 = \pi h \left(r^2 - \left(\tfrac{3}{5}r\right)^2\right)$$
$$C_3 = \pi h \left(r^2 - \left(\tfrac{2}{5}r\right)^2\right)$$
$$C_4 = \pi h \left(r^2 - \left(\tfrac{r}{5}\right)^2\right)$$
$$C_5 = \pi h r^2$$

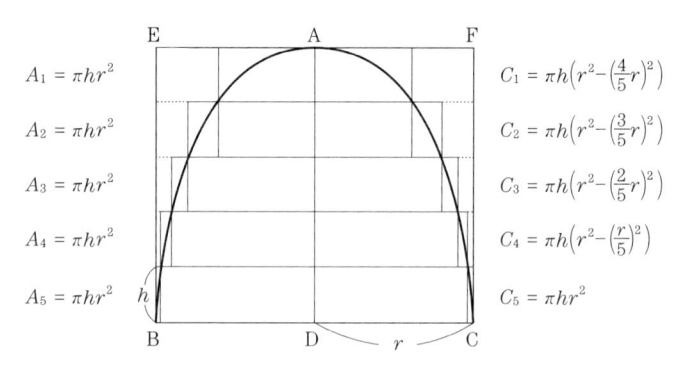

図 5.2 回転楕円体の求積．底面の半径 CD を r とし，高さを n 等分し，分割された各部分の高さを h とする（この図では $n=5$）．外接立体を構成する n 個の小円柱の体積の和は $\sum_{k=1}^{n} \pi h \left(r^2 - \left(\dfrac{n-k}{n}r\right)^2\right)$ と表せる．内接立体は $k=n$ に対応する最大の円柱 C_5 を除いた 4 個の小円柱から成る．

楕円体や回転双曲体の求積に適用しています．

図 5.2 は回転放物体の図 5.1 によく似ていますが，曲線 BAC は楕円の半分で，これを軸 AD のまわりに回転すると回転楕円体の半分になります．さきほどと同様に小円柱から成る外接立体と内接立体を作り，小円柱の和を求めて，外側の円柱 BEFC と比較すると，こんどは外接立体が円柱 BEFC の 3 分の 2 より大きく，内接立体は 3 分の 2 より小さいことがわかります．ここから，回転楕円体が円柱の 3 分の 2 になることが証明されます．

第 5 章 定型化される求積法 83

図形から独立した求積法

　回転双曲体の求積も原理的にまったく同じであることはわかるでしょう．要するに頂点から単調増加する回転体なら，すべてこの方法で原理的には体積を求めることができるのです．原理的には，と言ったのは，この方法では回転体を近似する小円柱の和を求めることが必要になります．この和の計算，つまり級数の計算ができなければ体積は求められません．その意味でこの解法は体積決定の問題を級数の和の問題に帰着させるものということになります．

　重要なのは，この方法が前に見た放物線や球の求積と根本的に異なるものであるということです．放物線や球に対してアルキメデスは，それぞれの図形ごとにその形状的特徴を観察し，適当な近似図形の作図を試み，それがうまくいけば求積ができるというアプローチをとっていました．

　ところが『円錐状体と球状体について』で彼がとった方法は，単調増加な回転体の軸を細かく等分して，薄い円柱から成る内接・外接立体を作図してその和を評価するというものです．

　この方法で内接・外接立体を作図してしまうと，和を求める議論は図形から切り離されてしまい，あとは $\sum k$ や $\sum k^2$ などの計算になってしまいます．近似図形の作図のステップと，その後で近似図形の体積を求めるステップとが切り離され，後者の議論は級数の計算として図形から独立してしまうのです．このおかげで，3 種類の立体(回転放物体，回転楕円体，回転

双曲体)に対して，まったく同じ方法で求積が行なえます．これらの図形の間の相違は，和を求めるべき数列の相違に吸収されます．もっと別の図形の求積をするには，その図形の性質(われわれにとっては方程式)に対応して定まる級数が計算できればよいこともすぐに分かります．

　アルキメデスはここで，体積決定という幾何学の問題が，原理的には級数の和の計算に帰着されることを示しています．軸を等分して内接・外接立体を作り，その和を求めるというアルキメデスの新しい求積法は我々にとっては非常に分かりやすいものです．前章で見た『球と円柱について』では，どうして彼がこの方法を採らなかったのかを問題にした研究があったほどです．

　しかし，すでに我々が見てきたように，これ以前のアルキメデスは図形を注意深く観察し，そこから得られた知見や直観から，その図形を近似する方法を考えていました．それは幾何学的図形に対するアプローチとしては自然なもので，むしろ図形そのものから離れて，その量的性質だけに注目するという方法を発明したことこそ，驚くべきことと言えるでしょう．

　そして後世の我々から見れば，ここでアルキメデスは区分求積法の本質的な部分を確立し，近代の積分法に向かって決定的な一歩を踏み出していることになります．ただし，彼自身にそういう意識があったわけではないようです．この点については後でまた論じましょう．

アルキメデスの困難

『円錐状体と球状体について』におけるアルキメデスの求積法の要点はここまで説明したとおりです．しかし彼の方法が近代の積分法を生み出すためには，まだ埋めるべき大きな溝がありました．それは彼が代数的記号法を持っていなかったために，級数の和と図形の和を結びつけるのに非常に苦労したということです．

アルキメデスの困難はどのようなものであったか，これを知ることでギリシアの数学と近代の数学の間に横たわる大きなギャップが見えてきます．また，その大きなギャップにもかかわらず，近代数学の方向を予見するような求積法を確立したアルキメデスの才能と努力は一層印象的なものになります．

回転楕円体の求積

さきほど簡単に紹介した回転楕円体の求積をこんどは詳しく見ていきましょう．彼は楕円の半分 BAC から出発し (図 5.2)，これを AD の周りに回転した立体を考えます．これは回転楕円体の半分です．そして軸 AD を等分して小円柱から成る内接立体 ($C_1+C_2+C_3+C_4$) と外接立体 ($C_1+C_2+C_3+C_4+C_5$) を作ります．この図は回転放物体のときとそっくりです．あとは小円柱の和が求められればいいわけです．この和の計算は，楕円の性質に依存し，$\sum_{k=1}^{n}(n^2-k^2)a$ の形の級数になります．これは，自然数の平方の和 $\sum k^2$ が求められれば計算できます．

そして自然数の平方の和に相当する関係をアルキメデスはす

でに知っていました．著作『螺線について』は，今日アルキメデスの螺線と呼ばれる曲線(動径が回転角に比例する螺線)を扱っていて，この曲線が囲む図形の面積を求めるためにこの形の和を利用しています(正確には，彼が使ったのは和を評価する不等式ですが)．

これだけの知識があれば，あとはいつものように二重帰謬法にもちこんで，回転楕円体の半分 BAC の体積は外接円柱の3分の2という結論が証明できたはずです．この議論のどこが困難だったのでしょう．

よく言われるのは，彼の利用した二重帰謬法が，厄介な議論を必要としたということですが，前にも述べたように，これは慣れてしまえばただの形式的手続きでしかありません．

補助図形の作図

アルキメデスにはもっと重大な問題がありました．多数の円柱から内接・外接立体を作るときでも，彼が対象としていたのは常に図形そのものです．その体積やそれらの和を簡潔に表現する代数記号は存在しませんでした．そのため，級数の和の計算や，既知の級数の和を変形して他のケースに適用することが非常に困難だったのです．

このことを回転楕円体の例で具体的に見ていきましょう．図5.2の BAC，すなわち回転楕円体の半分において底面の半径を r，軸を n 等分した1つの部分の高さを h とすれば，外接立体を構成する小円柱 C_k の体積は

$$C_k = \pi h \left(r^2 - \left(\frac{n-k}{n} r \right)^2 \right)$$

となり，外接立体の体積は，これを $k=1$ から $k=n$ まで加えたもので，その和は

$$\frac{\pi r^2 h}{n^2} \{ (n^2-(n-1)^2) + (n^2-(n-2)^2) + \cdots \\ + (n^2-1^2) + (n^2-0^2) \}$$

と書けます．（内接立体では $k=1$ から $k=n-1$ までの和なので最後の項がありません．）この和の計算が $\sum k^2$ の公式に帰着されることはすぐにわかります．

ところがアルキメデスはすぐに同じことはできません．まず，アルキメデスが知っている関係は正確には平方数の和 $\sum k^2$ ではなく，辺が等差列をなす正方形の和に関するものです．この結果は立体図形である小円柱の和に直接適用できません．

そこでアルキメデスはわざわざ別の補助図形を描いています．以下，$n=5$ の場合を考え，さらに簡単にするために外接立体だけを考えることにします．回転楕円体の切片全体に外接する大きな円柱は 5 つの薄い円柱からなります．これらはすべて互いに等しいわけですが，これを $A_1, \cdots, A_5$ とします（図 5.2 参照）．一方，すでに見たように回転楕円体を近似する外接立体は互いに異なる 5 つの小円柱 $C_1, \cdots, C_5$ から成ります．（このうち最大の C_5 が A_1 から A_5 に等しいわけです．）アルキメデスは，これらに対応する図形として，図 5.3 のように互いに等しい正方形 $a_1, \cdots, a_5$ を描き，そこから小さい正方

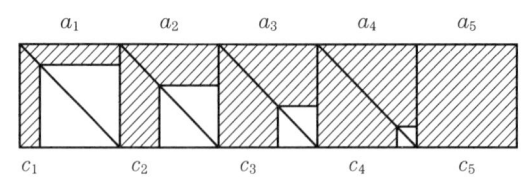

図 5.3 回転楕円体の求積での補助図形.

形を取り去ります.取り去った残りの図形(2つの正方形の差)はグノーモーンと呼ばれます.これらのグノーモーンを順に $c_1, \cdots, c_5$ とします.図では斜線で示してあります.

なお,写本では取り去られる正方形がすべて同じ大きさに描かれていますが,ここでは命題の数学的内容にあわせて,正方形の辺が等差列をなすように描いています(図 5.3,なお c_1 から c_5 の領域を示す斜線もここで加えたもので,写本にはありません).

5つの大きな正方形 a_1 から a_5 が全体に外接する円柱(図 5.2 の BEFC)を分割した小円柱 A_1 から A_5 に対応し,そのうち斜線を引いたグノーモーン c_1 から c_5 の部分が外接立体を構成する円柱 C_1 から C_5 に対応します.

すると C_1 から C_5 の和を求めるかわりに c_1 から c_5 の和を求めればよいことになります.そしてグノーモーン c_1 から c_5 の和は,欠けている部分の正方形の和に帰着され,これは辺が等差列をなす正方形の和,つまりアルキメデスにとって既知の結果です.

複雑な補助定理

これがアルキメデスの発想なのですが,具体的な議論のためには,彼にはまだ乗り越えなければならない困難がありました.

C_1 から C_5 の和を求める代わりに c_1 から c_5 の和を求めても本質的に同じことだというのは我々にはすぐに分かります.比 $\dfrac{C_k}{c_k}$ が常に一定だからです.

ところがアルキメデスにとってはこのような比を考えること自体が不可能でした.というのは,ギリシア数学では比とは同種の2つの量の関係であり,立体図形と平面図形の間には比というものが存在しなかったからです.

アルキメデスが利用できたのは,C_k と c_k の間の直接の関係ではなく,全体の円柱を分割してできた小円柱 A_k と,最大の正方形に等しい正方形 a_k をも巻き込んだ,次のような比例式だったのです.

$$A_k : C_k = a_k : c_k \qquad (1 \leq k \leq 5)$$

こうなると C_k と c_k との関係はそれほど明らかではありません.しかも,比 $A_k : C_k$ は一定でなく k の値によって違ってくるので話はずっと面倒になります.

これを一気に解決するためにアルキメデスは『円錐状体と球状体について』の冒頭で,非常に複雑な補助定理を証明しています.

その内容はコラム2に紹介しました.そこに「大きさ」(メ

ゲトス)という言葉が現れます．通常は「量」と訳すのですが，この語が後で重要になるので，ここでは文字通りに「大きさ」と訳しました．英語では magnitude です．

補助定理の内容を代数的にまとめれば，上の比例式を $k=1$ から $k=5$ まで(一般には $k=n$ まで)辺々加えても，やはり比例関係が成り立ち，

$$\sum_{k=1}^{n} A_k : \sum_{k=1}^{n} C_k = \sum_{k=1}^{n} a_k : \sum_{k=1}^{n} c_k$$

となる，ということです．

この例では $\sum A_k$ は外側の円柱，$\sum C_k$ は外接立体，$\sum a_k$ は正方形の面積の和，$\sum c_k$ はグノーモーンの面積の和ですので，

外側の円柱 : 外接立体 = 正方形の和 : グノーモーンの和

となり，外接立体を構成する円柱 $C_1, \cdots, C_5$ の体積の和を求める問題が，グノーモーン $c_1, \cdots, c_5$ の面積の和の問題に帰着されます．

補助定理の適用にあたっては，言うまでもなく4つの列を構成する「大きさ」の個数がすべて等しいことが必要です．我々なら添字 n を用いて $A_1, \cdots, A_n$ のように書くことによって個数が等しいことは自動的に保障されますが，そういう記号を使わなかったアルキメデスは，コラム2で図示したように第1と第2の列，第1と第3の列，第2と第4の列，と3回にわたって列を構成する量の個数が等しいことを言葉で確認しています．(このことは後で重要になります．)

さすがに天才アルキメデスにとってもこの証明を作り上げるのは大変だったようです．実際，回転放物体の求積は等差列の和に帰着されるので，かなり早い段階で結果が得られたのですが，残りの2つの立体の求積のために，相当時間がかかったようです．『円錐状体と球状体について』の序文はこんなふうに始まります．

> この本で，前にお送りしたものには入っていない残りの定理と，その後発見した定理との証明をお送りします．それは，私が何度も探求していたものですが，それを見出すためには何か困難があるように思われ，困惑していたのです．そのため，それらを他の定理と同時に発表しなかったのです．しかし後になって，さらに努力した結果，私を困惑させていたものを見出したのです．残りの定理とは回転放物体に関するもので，その後発見したものとは回転双曲体と回転楕円体に関するものです．

コラム2

『円錐状体と球状体について』の補助定理（命題1）

4種類の「大きさ」の列 A_k, C_k, a_k, c_k を考えます．（記号は本文の回転楕円体の求積と同じ A と C を使いました．）

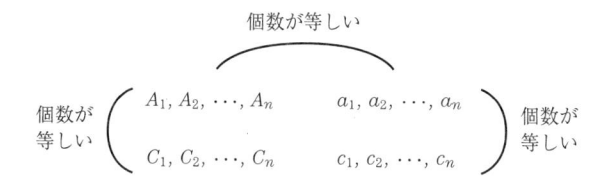

個数が等しい

個数が等しい $\begin{pmatrix} A_1, A_2, \cdots, A_n & a_1, a_2, \cdots, a_n \\ C_1, C_2, \cdots, C_n & c_1, c_2, \cdots, c_n \end{pmatrix}$ 個数が等しい

これらの「大きさ」に対して，条件

1. $A_1 : A_2 = a_1 : a_2$, $A_2 : A_3 = a_2 : a_3$, 以下同様.
2. $A_1 : C_1 = a_1 : c_1$, $A_2 : C_2 = a_2 : c_2$, 以下同様.

が満たされるならば，次の比例関係が成り立ちます．

$$\frac{A_1+A_2+\cdots+A_n}{C_1+C_2+\cdots+C_n} = \frac{a_1+a_2+\cdots+a_n}{c_1+c_2+\cdots+c_n}$$

条件 1. が満たされる典型的な場合は

$$A_1 = A_2 = \cdots = A_n$$
$$a_1 = a_2 = \cdots = a_n$$

となるときです．

実際にはアルキメデスは $n=6$ の場合だけを証明しています．

幾何学と代数学

我々にとっては自然数の平方(2乗)の和の公式を少し変形して適用するだけのことが，アルキメデスにとってどれほど困難で，複雑な議論を必要とするものであったのかを見てきました．この困難の原因と，我々にはその困難が見えにくい理由をもう一度確認しておきましょう．

一言で言えば，アルキメデスは幾何学をしていたのに，我々は代数学によってそれを解釈しているのです．上で見てきたように，我々にとって次の3つの和はどれも同じ和の公式から計算でき，本質的に同じ計算です．

- 平方数の和 $1+4+9+16+\cdots$

- 辺が等差列をなす正方形の和
  $a^2+(2a)^2+(3a)^2+(4a)^2+\cdots$

- 回転楕円体(の半分)の外接立体(小円柱の和)の体積

　これらの和を数式で書いてしまうと，上の3種類の和が本質的に同じ問題であることがすぐに分かります．これは，我々が用いる代数的記号法が，整数と正方形と円柱という異なる対象からそれらに共通する量的関係を抽出して表現してくれるからです．

　しかしアルキメデスにとって最初の計算は平方数の和という整数の問題であり，次は正方形の(面積の)和です．そして最後は円柱の(体積の)和であって，平方数の和とも，正方形の和とも違う問題なのです．彼の対象はあくまで正方形や円柱という具体的な図形なのです．これが，アルキメデスは幾何学をしているのであって，代数学をしているのではないということの意味です．それらの図形の大きさの間に一定の比例関係があることをうまく利用して，円柱の和の問題を正方形の和の問題に帰着させているわけですが，そのためにアルキメデスは非常な苦労をしたわけです．

　ともかくこうして，アルキメデスは回転楕円体の求積問題を解決し，さらに回転双曲体の求積で必要になる $\sum_{k=1}^{n}(ak^2+bk)$ のタイプの和も，同様の議論で決定し，3種類の円錐曲線の回転体の体積の問題を完全に解決しました．こうして彼は，求積

問題を級数の和の問題に帰着させました．この成果は，今から見れば微積分学に向かう大きな一歩です．実際，この著作を学んだ近世の数学者に大きな影響を与えました．

ここまでが，20世紀初頭まで知られていたアルキメデスの姿です．ところが，彼は求積法についてまったく別の天才的な方法を考案していたのです．それを伝える唯一の写本が第3章に登場したC写本と呼ばれる写本です．章を改めてこの写本の中身を追っていくことにしましょう．

第6章 知られざるアルキメデス
——著作『方法』

『方法』という著作

　祈禱書の写本の下に，アルキメデスのテクストが隠されていたことが判明したのは，1906年のハイベアの調査によるものでした(第3章)．そこで最も注目されたのは，それまで知られていなかった『方法』という著作です．百年前のこの発見は，ギリシア数学史の世界にセンセーションを巻き起こしました．というのも，アルキメデスはこの著作の序文で彼が証明した面積や体積に関する成果の発見法を説明すると述べているからです．

　ギリシア数学の文献では，でき上がった完璧な証明だけを記述し，それをどうやって発見したかについては何も述べないのが通例です．そのため，第4, 5章で見てきたような結果をアルキメデスがいったいどうやって発見したのか，ということが大きな問題でした．だから，アルキメデス自らが発見法を説明した著作が見つかったこと自体が大変な発見でした．しかもそこに書かれている方法は非常に魅力的なものだったのです．

　この著作『方法』は大きく3つの部分に分かれます．

1. 序文でアルキメデスは，これまでに図形の面積・体積や重心決定に用いた発見法を記述すると述べ，また，新たな2つの図形の体積について，その証明を与えると予告します．

2. 命題1から11は，以前の著作で証明した面積・体積，および重心の発見法を述べます．立体図形の重心に関するアルキメデスの著作は失われて現存しないので，『方法』は立体の重心に関するアルキメデスの唯一の現存著作でもあります．なお，以前の著作の結果を再び扱っていることなどから，『方法』は『円錐状体と球状体について』よりさらに後の，アルキメデスの晩年の著作と考えられています．

3. 命題12からは，序文で予告した2つの立体が扱われます．この部分の研究が最近になって進み，アルキメデスが大胆ともいえる無限の扱いをしていたことが判明しました．その一方，さらに最近になって『円錐状体と球状体について』で定式化されたと思われた体積決定のシステマティックな方法は使われていないことが判明し，この点ではアルキメデスと近代数学との隔たりが意外に大きかったことも分かりました．

仮想天秤のテクニック

『方法』の基本的なテクニックを見ていきましょう．

図6.1でBACはADを軸とする放物線です．この放物線をADのまわりに回転して，回転放物体をつくり，さらにこれ

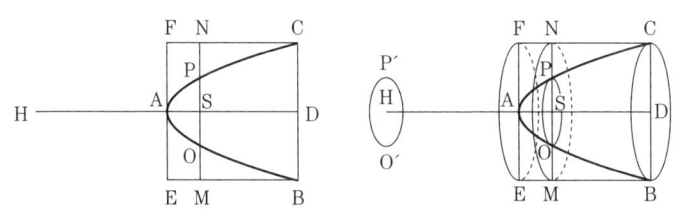

図 6.1 『方法』命題 4.

を，Dを通り軸 AD に垂直な平面で切断してできる切片を考えましょう．『円錐状体と球状体について』のところで見たように，この体積は放物線に外接する長方形を回転してできる円柱の，ちょうど 2 分の 1 です．『方法』でのアルキメデスの議論を見ていきましょう（命題 4）．

まず図 6.1（左側）において，軸上の任意の点 S で軸に垂直な直線 MN で放物線を切ります．ここでできる切片 PO の長さの 2 乗（PO 上の正方形）は，頂点からの軸の長さ AS に比例します．このことは放物線の方程式 $y=kx^2$ から明らかです（この図では $x=ky^2$ とするほうがいいかもしれません）．したがって，PO の 2 乗と CB の 2 乗の比は AS と AD の比になります．さらに CB は MN に等しいので MN に置き換えます．すると，

$$PO^2 : MN^2 = AS : AD$$

さて，この比例式で PO と MN の 2 乗（正方形）の代わりに，PO と MN を直径とする円を考えても比例関係は変わりませんので，

$$\text{円 PO} : \text{円 MN} = \text{AS} : \text{AD}$$

が成り立ちます．

円POと円MNは，それぞれ，回転放物体ABCと円柱BEFCを軸ADに垂直な平面MNで切った切り口です(図6.1の右側の図)．まな板の上に大根をおいて，包丁で垂直に切るイメージです．

ここでADをAの左側へ延長し，Aがちょうど中点になるように点Hをとり，Aを支点とする天秤がここにあると想像します．さて，梃子の原理を思い出しましょう．等しい重さは支点から等しい距離に置くと釣り合います．重さが違う2つの物体は，重さの比が支点からの距離の比の逆比になるときに釣り合います．たとえば，2倍の重さのものは半分の距離で釣り合います．

ここでさっきの比例式を見ます．2つの円を2つのおもりと考えます．図6.1のようにPOを直径とする円を点Hに移したとします(移した円をP'O'と呼びましょう)．すると円POと円P'O'は等しく，またADはHAに等しいので，

$$\text{円 P'O'} : \text{円 MN} = \text{AS} : \text{AH}$$

が成り立ちます．この比例式をよく見ると，2つの円の大きさ(重さ)の比が，ちょうど支点Aからの距離の逆比になっています．ですから，点Hに円P'O'を置き，円MNをもとの点Sにおいたままにしておくと，2つの円はAを支点として釣り合います．

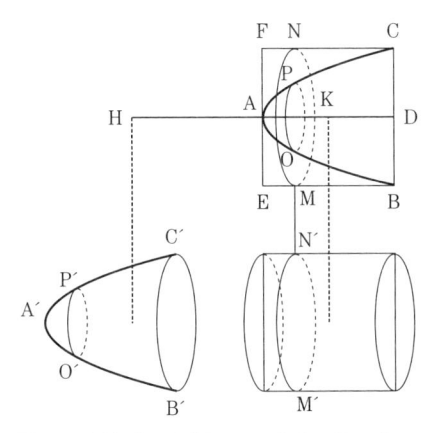

第 6 章 知られざるアルキメデス——著作『方法』 | 99

図 6.2 『方法』命題 4 での立体の釣り合い．

さて，このことは円 PO が軸 AD 上のどこにあっても成り立ちます．つまり回転放物体 BAC と外接円柱 BEFC を軸上の任意の点 S で切って，回転放物体の切り口の円 PO を H に置き，円柱の切り口の円 MN を元の位置 S に置いておくと，A を支点として釣り合います．これを AD 上の任意の点に対して行なったと考え，切り口の円を全部あわせると，点 H に移動した回転放物体が，もとの円柱 CEFC と釣り合うことになります．このことを図 6.2 では，点 H から回転放物体を吊し，軸 AD に円柱を吊した形で表現しています．

円柱の重心は軸の中点 K にありますから，点 K に円柱全体が吊るされていると考えても同じことになります．すると円柱が K で，回転放物体が H で吊るされていて，これらが A を支点として釣り合っていることになります．AK は AD の半分，つまり AH の半分ですから，これから回転放物体の重さは円

柱の半分であることがわかります．

なお，ここでは図を見やすくするために回転放物体と円柱をそれぞれHとKから下に吊しましたが，アルキメデスは，点Hそのものが回転放物体の重心となり，円柱はもとの場所にあってADを軸とすると想定して議論をすすめます．頭の中で仮想的な天秤を考えているので，具体的に回転放物体をどうやって点Hにくくりつけるのかといったことはアルキメデスにとって問題でなかったようです．なお，写本には図6.1の左側の図があるだけで，残りの図は理解しやすいように新たに描いたものです．

さらに，この仮想天秤を使ってアルキメデスは回転放物体の重心も求めています（『方法』命題5）．そのためには，回転放物体をもとの場所に残して，別の立体と釣り合わせればよいのです．図6.1または図6.2で直線AC, ABを結び，これらをADの周りに回転してできる円錐BACを考えます．円錐と回転放物体をやはり平面MNで切断し，円錐の切り口の円をHに移すと，この円が，もとの位置に置いた回転放物体の切り口の円POと，Aを支点として釣り合います．同様な議論をすべての切り口に対して行なうと，点Hに移した円錐が，もとの場所に残した回転放物体と釣り合うことになり，この釣り合いから回転放物体の重心が得られます．（詳しい議論は文献[4]をご覧ください）．

アルキメデスは同様の議論を駆使して，球や回転楕円体の切片の体積とその重心，回転双曲体の切片の体積とその重心なども求められることを示します．たとえばADを直径とする

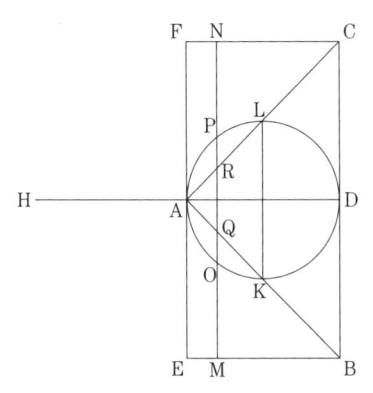

第 6 章　知られざるアルキメデス――著作『方法』 | 101

図 6.3　『方法』命題 2(球の体積)．回転放物体の場合と同様に軸 AD の周りの回転体を考える．KL を球の直径とし，AK，AL を延長して円錐 ABC と円柱 BEFC を考える．円 PO+円 RQ を点 H に移すと，点 A を支点として，円 MN と釣り合う．

　球の場合は，それだけだと円柱と釣り合わないので，A を頂点とする円錐を加えて(図 6.3)，球と円錐をまとめて点 H に移すと，もとの場所に残した円柱と釣り合うことを示しています(命題 2，回転楕円体に対する同様の議論は命題 3)．ここから球の体積が決定できます．なお，この議論を少し変形すると，この後で出てくる爪形の体積決定も可能です．

　この見事な議論を見て，現代の我々が一番気になるのは，回転放物体が無限個の切り口の円に分けられて 1 個ずつ点 H に移されて，再び組み立てられることです．円柱 BEFC は同じ場所から動かないとはいえ，いったんばらばらにされて組み立てられる点では同じ問題を抱えています．無限個の円(平面図形)から立体図形が組み立てられることをどう保証するのでし

ょうか.

　アルキメデスはこの点について突っ込んで議論していません．彼は円柱や回転放物体が，切り口の円によって「満たされる」ということを述べるだけです．何ともあいまいな表現で不満が残りますが，彼はこの議論を発見法として述べているだけで，証明は別に必要だと言っているのですから，文句を言うわけにもいきません．

　ただし，議論は複雑になりますが，実は立体を無限個の切片に分割する代わりに軸 AD を有限個の部分に分割して，内接立体と外接立体について仮想天秤上での円柱との釣り合いを論じることも可能です．実際，放物線については，そのような議論が『放物線の求積』にあるのです．しかしこの議論のすぐ後でアルキメデスは，仮想天秤を使わない別の証明を示します．これが第3章で見た，等比級数を使った証明です．もし無限個の切片の使用だけが問題で，天秤の釣り合いを利用することは構わないのならば，この別証明は不要だったはずです．となると，無限個の切片とともに，天秤の使用もまた，厳密性の問題を生じさせるものだったことになります．『方法』の議論は証明ではなく，発見法にすぎないとアルキメデスが考えたのは，無限個の切片を利用したためだけではなく，体積決定という純粋に幾何学的な問題に，重さや釣り合いという機械学的な概念を持ち込んだためでもある，ということになります．

新たな2つの立体

　『方法』の命題 11 までは，すでに他の著作で得た結果（面積・

体積と重心)を仮想天秤で求めるやり方を示しています．ただし現代の我々にとっては，立体の重心に関する結果は『方法』だけで知られているものです．

命題 12 からは，序文で予告した新しい 2 つの立体の体積が扱われます．ここではそれぞれ「爪形」および「交差円柱」と呼ぶことにします．実は現存テクストには爪形しか出てきません．交差円柱に関する命題を書いた部分は失われてしまったのです．

アルキメデスは爪形について素晴らしい工夫や議論を見せてくれます．その中に，次に見る無限の扱いがあります．それをこれから見ていきますが，その前に奇妙な事実に注意しておきましょう．爪形も交差円柱も，新しい求積法を工夫しなくても，球や回転楕円体と同じ方法で体積決定ができるのです．本書 p.67 以下の『球と円柱について』の方法は球に独特のものですが，p.79 以下で紹介した『円錐状体と球状体について』の方法，つまり数列の和に持ち込む方法は，爪形にも交差円柱にも使えて，しかもそこで得られる数列の和は回転楕円体(p.85)の場合と同じ形になります．また，球と回転楕円体は仮想天秤でも体積が求められますが(『方法』命題 2 と 3，p.101)，これもそのまま爪形と交差円柱に使えます．

ところがアルキメデスは爪形に対してそのことに気付かなかったようなのです．これは求積の方法論が確立していれば，考えにくいことです．アルキメデスが近代数学から遠かったというのはこのことです．もっと詳しく見ていくことにしましょう．

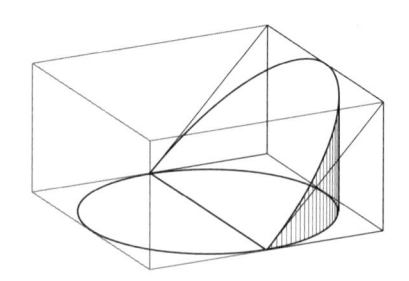

図 6.4 『方法』命題 14. 爪形.

爪形の体積決定

まず爪形について説明しましょう．アルキメデスは正方形を底面とする角柱に内接する円柱を考え，この円柱を，底面の直径を含む斜めの平面で切断します．ただしこの直径は，角柱の底面の正方形の 2 辺に平行(残りの 2 辺に直角)とします．

すると，円柱の底面と，側面と，この斜めの平面とに囲まれる立体ができます(図 6.4)．この立体は「楔(wedge)」，「ひづめ(hoof)」などとも呼ばれますが，ここでは「爪形」と呼ぶことにします．なお，斜めの平面の傾斜をアルキメデスは特定していませんが，ここでは傾斜が 45 度で，底面の円の半径と爪形の高さが等しいものを考えます．

さて，アルキメデスは，爪形が全体の角柱の 6 分の 1 であることを証明します．彼はまず，仮想天秤を 2 回使って爪形の体積を決定します(命題 12 と 13)．詳細は省略しますが，これは非常に巧みな議論です．巧みではあるのですが，上で述べたように，実は不要な議論です．

三角柱 Pr　　　　　　　　　爪形 N

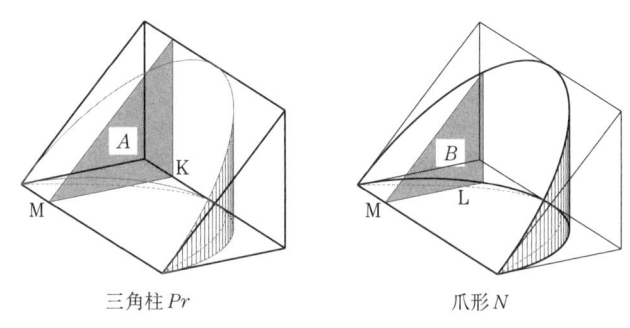

図 6.5 『方法』命題 14. 立体の切り口.

続く命題14は別のやり方で爪形の体積を決定します．これは実に「近代的」な要素を含む注目すべき命題で，2001年の解読の結果，さらに注目を集めました．図6.4をもう一度見ましょう．ここで爪形を切り取る斜めの平面は，全体の角柱から3角柱を切り取ります．これを Pr とし，爪形を N で表します(図6.5)．この底面の部分だけ取り出したものが図6.6です．

3角柱 Pr が立方体全体の4分の1であることはすぐに分かりますから，証明すべきことは爪形 N が3角柱 Pr の3分の2であることです．

以下，アルキメデスの議論を紹介します．新たに解読された部分の概要はコラム3にまとめました．コラムの要約と以下での議論との対応を(0), (1)などの番号で示します(点の名前などの記号は説明の都合で変更・追加しています)．

アルキメデスは底面上に補助的な作図をします(図6.6)．まず底面の正方形の半分の平行四辺形(実際には長方形)に注目

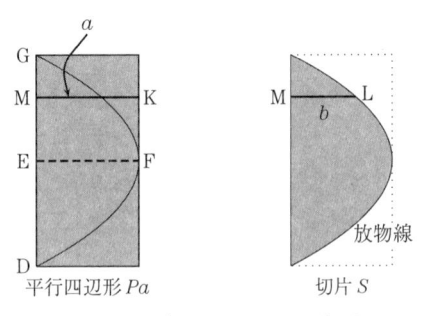

図 6.6 『方法』命題 14. 平面図形の切り口.

します．これを Pa としましょう．さて，この長方形 Pa の中に，点 F を頂点，FE を軸とし，G を通る放物線を描きます．この放物線の内側の部分を S と呼ぶことにしましょう．

さて，ここで底面の直径 DG に垂直な任意の平面を考えます．この平面は 3 角柱 Pr，爪形 N，平行四辺形 Pa，放物線の切片 S をすべて切断します．3 角柱 Pr と爪形 N の切り口は 3 角形になります．これをそれぞれ A と B としましょう（図 6.5）．そして，平行四辺形 Pa と放物線の切片 S の切り口はもちろん線分です．それぞれ a と b とします（図 6.6）．

すると，こうして DG に垂直な任意の平面 MK によって切り取られる 3 角形 A, B と線分 a, b に対して，MK の位置によらず次の関係が成り立つことが，放物線の性質から証明されます．

$$A : B = a : b \tag{0}$$

この関係を得るまでの議論だけで，すでにかなりの長さになり

ますが，その大半は問題の図形を設定して点に名前を与えることで，数学的には比較的容易で，写本も読みやすいのでとくに問題はありません．

謎の 20 行

ついでアルキメデスは（我々の記号で表すと）

平行四辺形 Pa は a によって満たされ，放物線の切片 S

は b によって満たされる (1)

と述べます．ところが，ここからは写本の状態が悪く，急に読みにくくなります．1906 年にこの写本を閲覧したハイベアは，この先ほぼ 20 行にわたって，散発的にいくつかの文字や単語を特定しただけで，その内容はまったく解読できませんでした．そのため，この 20 行の内容は 2001 年に至るまで謎のままでした．

そしてこの 20 行の後で，テクストが再び読めるようになった場所に書かれている内容は，我々の記号で表すとこうなります．

すべての a がすべての b に対するようにすべての A

がすべての B に対する (6)

番号が突然 (6) になっているのは，コラムに紹介した新たに解読された部分の議論が間に入るからです．

ともかくここまで来てしまえばあとは簡単です．すべての a とは平行四辺形 Pa，すべての b とは放物線の切片 S，そして

すべての A とすべての B はそれぞれ三角柱 Pr と爪形 N になります．したがって，

$$Pa : S = Pr : N \tag{7}$$

そして放物線の切片 S が，それを囲む平行四辺形 Pa の 3 分の 2 であることをアルキメデスは以前に『放物線の求積』で証明していますので，爪形 N も 3 角柱 Pr の 3 分の 2 になることが分かります．

そこで

$$N = \frac{2}{3} Pr = \frac{1}{6}（全体の角柱） \tag{8}$$

これが証明すべき結論でした．

さて，謎の 20 行に戻りましょう．ここに(0)，(1)から(6)を導くことを正当化する議論があったことは間違いありません．しかし，それが具体的にどんな議論であったのか，誰も考えようとはしませんでした．(0)の $A:B=a:b$ という切り口の比例から，それら全体の比例関係である(6)が得られるのは当然ですし，しかも「満たされる」という言葉が，読めない部分の直前の(1)の部分にありましたので，アルキメデスは例によって，『方法』の命題 4 で見たような，どちらかといえば直観的な議論をしているのだろうと考えられたからです．それに写本は行方不明になって，確認のしようもありませんでした．

しかし，読めなかった部分は 20 行もあります．立体が平面の切り口で，あるいは平面図形が線分で「満たされる」という議論だけではこの空白を「満たす」ことはできません．

2001年1月にリヴィエル・ネッツが「個数が等しい」という言葉を見つけたのは，他でもない，この読めなかった20行の中でした．正確にはまず「大きさ」(メゲトス)という，この命題には関係のなさそうな抽象的な単語が見つかりました．これはコラム3の(3)にあたります．この語が現れる以上は，後で説明する補助定理を適用しているはずです．それでこの補助定理に関連する「個数が等しい」という言葉が見つかったというわけです．読みにくいテクストの解読では，現れる単語が予想できると，急にその単語が見えてくるということがあるのです．

　アルキメデスの議論(コラム3)を見ていきましょう．(1)の次の(2)は予想されていた議論です．平行四辺形 Pa と切片 S がその切片で満たされるように，角柱 Pr と爪形 N もそれぞれ，切り口の3角形によって「満たされる」と述べています．

　ところがその後にまったく予想されていなかった議論が現れます．なんと，切り口の図形の「個数が等しい」ということを3回も繰り返します．まず，(3)で a と A の個数が等しいと述べ，さらにこれらが切り口の平面 MN の場所にかかわらず互いに等しいと述べます．次に(4)では A と B の「個数が等しい」と述べ，さらに(5)で a と b の「個数が等しい」と述べます．これらを述べたあとではじめて，アルキメデスは先ほど見た(6)の結論，すなわち，「切り口のすべて」が比例すると述べます．

　しかし「個数が等しい」と3回繰り返すことに何の意味があるのでしょうか？　結論(6)が，(0)から得られることは直

観的に分かります.それなのにわざわざ「個数が等しい」と3回繰り返すのですから,この繰り返しでステップ(6)を導く議論が何らかの意味で厳密化できるとアルキメデスが考えていたことは確かです.

コラム3

アルキメデスの議論

新たに解読されたのは(2)から(5)までの議論です.その要旨を上で用いた記号を利用して紹介します.

(0) $A:B=a:b$ がつねに成り立つ.

(1) 平行四辺形 Pa は a によって,切片 S は b によって満たされる.

(2) 角柱 Pr は A によって,爪形 N は B によって満たされる.

(3) すると次のような「大きさ」がある.互いに等しい(一連の)3角形 A と,やはり互いに等しい(一連の)線分 a があり,それらは**個数が等しい**.

(4) 別の3角形 B があり,3角形 A と**個数が等しい**.

(5) また別の線分 b があり,線分 a と**個数が等しい**.

(6) よって

$$\text{すべての } a : \text{すべての } b = \text{すべての } A : \text{すべての } B$$

以下(7),(8)は本文で紹介したとおりです.

この議論では4種の量の列 A, B, a, b に対して,次のように「個数が等しい」ことが確認されています.

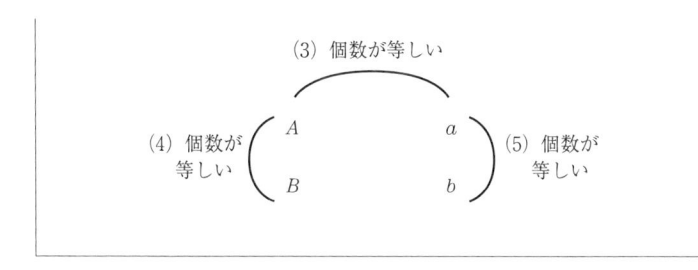

```
              (3) 個数が等しい
           ┌─────────────────┐
  (4) 個数が    A         a    (5) 個数が
     等しい                      等しい
           B         b
```

補助定理の適用

 実は、この問に対する答を我々はすでに知っています。4種類の一連の「大きさ」に対して「個数が等しい」を3回繰り返して、それらがすべて互いに個数が等しいことを確認するのは、90ページで見た、『円錐状体と球状体について』の補助定理(コラム2)の適用に他なりません。実際、『方法』の冒頭でもこの補助定理が証明抜きで結果だけ述べられています(これは『方法』が『円錐状体と球状体について』よりも後の著作だと考える根拠にもなります)。

 唯一の問題は、この補助定理はどう見ても有限個の量(大きさ)を対象としているのに、ここで「個数が等しい」と言われているのは、立体を平面で切ったときにできる切り口の平面(あるいは平面を切ったときにできる切り口の線分)であって、それは個数としては無数にあるということです。ただ、こう考えることもできます。1つの平面による切断で4種類の切り口 A, B, a, b は、それぞれ1つずつ生成されます。現代の数学では一対一対応と呼ばれる関係です。平面の位置は任意ですか

ら，これらの4種類の切り口も無数にあるわけですが，1つの平面から4種類の切り口が1つずつ生成する以上，それらの個数が等しいと言えなくもありません．

ともかく，アルキメデスはこの補助定理を，無数にある切片に対して意識的に適用しているわけです．もともと，この補助定理は各々の列の量が有限個の場合に有効なものであり，それぞれ無限個の量があるときにこの補助定理が有効かどうかは明らかではありません．

しかし，強引にでもこの補助定理をここで適用してしまえば，(0)の切片の比例関係

$$A : B = a : b$$

から，それらの「すべて」に対する比例関係(6)が成り立つと主張できる，こうアルキメデスは考えたわけです．有限個の和に関する比例関係を無限個の切片に適用するのはたしかに乱暴です．そもそも無限個の「すべての」3角形から3角柱や爪形ができることを図形的直観から納得するにしても，それを「和」と呼ぶわけにはいきません．しかし彼が議論を厳密化する努力をしていたことは認めるべきでしょう．

さらに，アルキメデスに有利な事情を述べておけば，ギリシアの幾何学ではそもそも和という言葉はほとんど使われないのです．有限個の和を扱う『円錐状体と球状体について』の補助定理(命題1)でも，実は「和」という言葉は原文にはなく「すべて」という言葉が使われているだけです．この『方法』命題14でも同じく「すべての3角形」といった言葉が使われてい

ます．有限個の和も「すべて」という言葉で表すギリシア幾何学の用語法がアルキメデスの論理の飛躍を助けたのかもしれません．

C 写本では，命題 14 の後に，この同じ立体を，厚さを持った有限個の外接・内接立体で近似して体積を決定する命題 15 が続きます．命題 15 の最後の部分は失われましたが，現存部分から，命題 14 と同様に爪形を切断し，有限個の外接・内接立体を作図し，二重帰謬法を適用して爪形の体積を決定していることがわかります．これで爪形の体積の「証明」を与えるという序文での約束が果たされたことになります．

『方法』の最後の部分

『方法』の現存テクストは命題 15 の途中で終わっていますが，この後には，序文で述べたもう 1 つの新しい立体の交差円柱に関する命題が続いていたはずです．そこでアルキメデスがどうやって交差円柱の体積を証明したかが推測されてきました．ところが，最近の研究によって従来の推測が疑問視されています．

交差円柱とは，底面の半径の等しい 2 つの円柱の軸が直交するときの共通部分です．その体積は，この共通部分を含む立方体（これは円柱の直径に等しい辺を持ちます）の 3 分の 2 です．

交差円柱の重要な性質は，交差する 2 つの円柱の軸を含む平面に平行な平面で切ると，切り口が正方形になることです．我々はこの正方形の面積を積分して交差円柱の体積を求めま

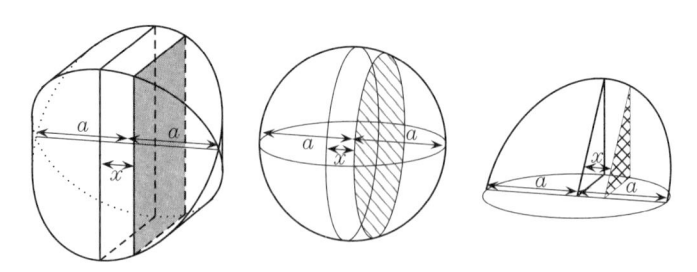

図 6.7 交差円柱，球，爪形を中心から同じ距離の平面で切る．

す．この問題は大学入試にもときどき出題されます．この性質は，切り口の正方形を，球の切り口の円と比較するとよく分かります．

球と交差円柱を考えます．ただし球の半径 a は，円柱の底面の円の半径に等しいものとします（図 6.7）．球と交差円柱の両方を中心からの距離が x の平面で切断しましょう（交差円柱を切る平面は 2 つの円柱の軸に平行にします）．すると球の切り口は円で，交差円柱の切り口は正方形になりますが，球の切り口の円の直径は，交差円柱の切り口の正方形の一辺と等しいのです．

図 6.7 には同じ半径 a の円柱から，角度 45 度の斜めの平面で切り取られた爪形も描いています．この爪形を中心からの距離がやはり x の平面で切断した切り口は，直角 2 等辺 3 角形で，交差円柱の切り口の正方形のちょうど 8 分の 1 です．3 つの図形の切り口を重ねて描いたのが図 6.8 です．

積分を使えば，交差円柱，球，爪形の体積はいずれも定積分

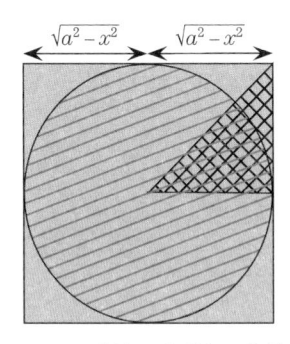

第 6 章　知られざるアルキメデス——著作『方法』　115

図 6.8　3 つの切り口を重ねて比較する.

$$\int_{-a}^{a} k(a^2-x^2)dx$$

と表すことができます．係数 k は交差円柱では $k=4$，球では $k=\pi$，爪形では $k=1/2$ です．だから積分を知っていれば，これら 3 つの立体の体積決定は，係数が異なるだけで，同じ問題です．

　積分という計算手段のないアルキメデスにとってはどうだったのでしょうか．交差円柱や爪形に対しては，p.85 以下で紹介した回転楕円体の求積と同じ方法が使えます．回転楕円体の場合は薄い円柱を積み重ねて内接・外接立体を作りましたが，今度は切り口の正方形を底面とする薄い角柱を積み重ねればいいのです．爪形なら直角三角形を底面とする薄い三角柱を考えることができます．いずれにしても数列の和の計算は同じことになります．なお，球は回転楕円体の特殊な場合ですので，球にもこの方法は使えます．逆に，爪形に対する命題 14, 15 の議論を交差円柱や球に適用することも可能です．

また，仮想天秤によって球の体積を求める『方法』命題 2 の方法は，交差円柱にも爪形にも適用できます(p.101，図 6.3 参照)．

　要するに，爪形，交差円柱，球，回転楕円体の体積決定は共通の方法で議論できるのです．我々はその共通性を，切り口の面積を表す式 $k(a^2-x^2)$ (ただし k は定数)によって把握できます．アルキメデスはこのような数式を使えませんでしたが，彼が利用した種々の求積法でも，この共通性を認識して，球に対する議論を交差円柱に適用することは可能であり，そういう議論が『方法』の末尾の失われた部分に書かれていたと考えられてきました．

　筆者もこの推測に基づいて，2006 年の本書の旧版では，アルキメデスは，球と同じ求積法で体積が求められる図形を探して，爪形や交差円柱を見つけたのではないか，と想像しました．

　ところが，この解釈が不可能であることが判明したのです．それは交差円柱に関する議論が書かれた失われた部分の長さが分かったためです．現存する『方法』のテキストは爪形に対する命題 15 の途中で終わっています．ところが偶然にも，命題 15 が書かれている羊皮紙の反対側のページには，もとの写本で『方法』の次にあった著作『螺線について』の冒頭近くの部分が書かれています．ここで第 3 章で説明した，写本の折丁の構成と，パリンプセストの作り方を思い出しましょう(p.47)．1 枚の羊皮紙は 2 ページ分の大きさです(裏面も含めれば 4 ページ)．パリンプセストを作るときは羊皮紙を半分に切って 90 度回転し，半分の大きさの本を作るのでした(p.48

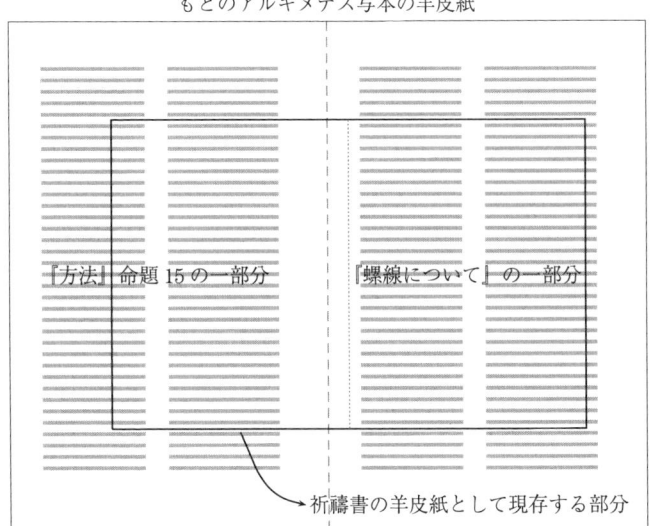

第 6 章　知られざるアルキメデス——著作『方法』　117

もとのアルキメデス写本の羊皮紙

『方法』命題 15 の一部分　　　　『螺線について』の一部分

祈禱書の羊皮紙として現存する部分

図 6.9　命題 15 の最後の部分を含む羊皮紙.

の図 3.2 の右側は半分に切った後の 1 頁です）．ところが命題 15 の最後の部分が書かれている羊皮紙は，もとの写本の羊皮紙の中央部分を切り出したものでした（図 6.9）．

さらに，種々の状況から，この羊皮紙はもとの写本では折丁の外側から 2 枚目にあって，現存する 2 つのページの間に 2 枚の羊皮紙（2 つ折にして 4 葉，すなわち 8 ページ）があったことがわかりました．さらにその 8 ページの一部は『螺線について』の冒頭部分でなくてはなりません．このような検討から結局，交差円柱を扱う命題の長さは 3 ページであったことが判明しました．なお，アルキメデス写本の 1 ページを日本語

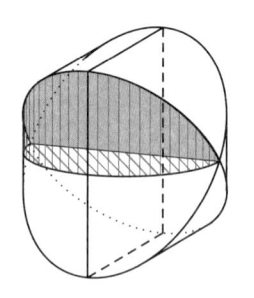

図 6.10 交差円柱を爪形に分割.

に訳すと1千文字前後，本書の1ページ半くらいになります．

写本の3ページのスペースに，仮想天秤による交差円柱の扱い（球に対する命題2と同様の議論）を書くことは可能です．しかしアルキメデスは序文で爪形と交差円柱の体積の「証明」を約束し，爪形に対しては命題15でその約束を果たしています．それなら交差円柱に対しても「証明」があったはずです．しかし二重帰謬法を使う命題は非常に長くなります．命題15は，失われた部分も含めて6ページあります．3ページでは二重帰謬法の証明は絶対に書けないのです．

それではこの3ページのスペースにどんな証明があったのでしょうか．唯一の可能性は，交差円柱を8つの爪形に分割することです．図6.10には，交差円柱を分割してできる8つの爪形のうち1つを示してあります．円柱の側面（縦線），底面（斜線），斜めの平面（灰色）で囲まれる爪形を円柱の側面の外側から見ている図です．

爪形の体積は，もとの角柱の6分の1でした（図6.4）．これは命題15で証明されています．交差円柱はその8倍ですから，

角柱の3分の4倍ですが，交差円柱を含む立方体は爪形の角柱の2倍ですので，交差円柱は立方体の3分の2という結果が得られます．これは3ページでちょうどおさまる議論です．したがって，アルキメデスは交差円柱を爪形に分割して体積を求めたと考えられます．

　これで『方法』命題12以降の構成が明らかになりました．アルキメデスは交差円柱の体積にまず関心を持ったと思われます(そう考える理由は後で説明します)．これは球と同じ方法で求積可能な立体ですが，アルキメデスはそれに気づきません．交差円柱の外観をまず検討したのでしょう．その表面には，2つの円柱の境界が現れています(図6.10)．これに沿って斜めに交差円柱を分割すれば，互いに合同な4つの部分に分かれます．その各々をさらに2等分すれば爪形が得られます．そこでアルキメデスはまず爪形の体積を『方法』の命題12から15で証明し，最後に交差円柱の体積について，爪形の8倍である，という証明を付け加えたのでしょう．

　交差円柱も爪形も，上で見たように，球や回転楕円体と同じ方法で求積ができます．しかしアルキメデスはこのことにまったく気づかなかったようで，まず仮想天秤の巧みな利用で爪形の体積を求めます(命題12+13)．その議論から，底面上の直径に垂直な平面で爪形を切ることを思いついて，仮想天秤が不要な命題14の議論を発見したのでしょう．さらにそれを二重帰謬法による厳密な証明に書き換えます(命題15)．そして最後の命題で爪形の8倍として交差円柱の体積が確定します．命題12から失われた命題の最後までの長さは写本上で16

ページ，『方法』全体(37 ページ)の 4 割を占めます．

このような議論の展開は，球，爪形，交差円柱という立体の体積が同じ方法で得られることを知っている我々にはとんでもなく遠回りですが，それに気づかなかったとすれば，それなりに自然です．

アルキメデスがどのように交差円柱や爪形の体積を探求したかという問は，なぜ彼がこれらの立体を探求しようと思いついたのか，という問にもつながります．これらの立体の体積が球と同じ方法で決定できることをアルキメデスが知っていたとすれば，彼の頭の中には求積法が先にあって，同じ方法で求積できる他の図形を探して，交差円柱や爪形を発見したと考えることができます．それが以前の私の想像でした．しかしそういう認識がなかったとすれば，なぜ交差円柱などというものを思いついたのでしょうか．

この問に対して，当時の建築物にヒントを得たという想定が，最近の発掘で有力になりました．2 つの円柱が交差する形状のクロス・ヴォールトの天井を持つ建築物はローマ帝国時代に見られますが，アルキメデスの時代には例がありません．しかしそれより単純な円筒ヴォールト（半円柱状の天井）の建物が 2 つ，たがいに直角の方向に建てられていた跡が，シチリア島の浴場の発掘で見つかったのです．ただし 2 つの建物は交差してはいません．また，残念ながらこの風呂にアルキメデスが入ったと考えるには少し無理があります．この遺跡はアルキメデスの時代のものと考えられますが，シュラクサイから数十キロ離れた内陸のモルガンティーナというところにあるのです．

しかしここはシュラクサイの支配下にありました．古代のシュラクサイの人口はせいぜい数十万というものでしょう．ヒエロン王の信任を得ていたアルキメデスが，領土内の公共工事の状況を熟知していたとしても不思議ではありません．だからこの浴場の構造をアルキメデスが知っていたと考えてもいいでしょう．もしかしたら，同じ工法で建てられた似たような円筒ヴォールトの建物がシュラクサイにもあったかもしれません．それを見て，2つの円柱が交差したらどうなるだろうとアルキメデスが思いを巡らしたと考えることは可能でしょう．

すると，アルキメデスは現実に存在する建築物にヒントを得て，交差円柱という立体の探求に乗り出したことになります．しかもその探求においては，交差円柱が球と同じ方法で求積できる可能性に気づかず，長い長い議論を繰り広げます．『円錐状体と球状体について』を書いた後のアルキメデスが，このような段階に留まっていたことには驚かされてしまいます．しかしこの驚きは，図形から量的関係だけを抽出して計算で結論を出す微積分に我々が慣れすぎているためなのでしょう．

アルキメデスにとって図形はまず形状を持った存在だったのです．彼の幾何学と近代数学との距離は意外に大きかったと言わざるを得ません．アルキメデスはやはり古代人であり，逆に，彼の数学を学んで，そこから近代数学を作り出した16, 17世紀の数学者の貢献はそれだけ大きかったことになります．

第7章　ギリシア数学から近代数学へ

中世からルネサンスへ

　ギリシアの学術文献は，12世紀に主にアラビア語からラテン語への翻訳によって西欧世界に伝わります．これは14世紀以降のいわゆるルネサンスに先立つ，西欧の学術の復興を象徴する出来事であり，今では12世紀ルネサンスと呼ばれます．こうしてもたらされた学問(現代的にいえば豊富なコンテンツ)が，大学という新しい教育機関のカリキュラムを支えることになります．

　数学ではユークリッドの『原論』が複数の翻訳によって西欧にもたらされ，続く13世紀に，カンパヌスが編集・注釈した版が標準的なテクストとなり，広く普及しました．

　内容的にずっと難しいアルキメデスの著作が西欧世界に知られるのは遅れてしまいます．13世紀のカンパヌスと同じ頃にメールベケのギヨームがアルキメデスの著作の一部をラテン語に翻訳したことはすでに紹介しました(p.37)．しかしこの翻訳は長い間ほとんど読まれることはなかったようです．さらに15世紀半ばにクレモーナのヤコポが，古典の復興に熱心であった教皇ニコラウス5世(在位1447-1455)の依頼を受けて，アルキメデスの著作を翻訳しています．今から見ると，翻訳に

は数学的内容を理解していないと思われる箇所もあり，とても満足のいくものではないのですが，それでも難しいテクニカル・タームの訳語を作るところから始めなければならなかったことを考えれば，この二人はこの時代としては飛びぬけた才能の持ち主であったといえます．

なお，最近の研究で，ヤコポの翻訳には他の写本より数学的に「すぐれた」箇所があることが分かり，ヤコポが独自に修正したとは考えにくいことから，彼が，現在知られているA, B, C以外の系統のギリシア語写本をも利用した可能性が指摘されています．

ヤコポの翻訳は，数学者・天文学者のレギオモンタヌス(1436-1476)の知るところとなり，彼は生まれたばかりの印刷術を利用してアルキメデスの著作集を刊行すべく，ヤコポの翻訳の修正・校訂にとりかかりました．しかし彼はこれを果たせずに早世しました．結局この翻訳は，ギリシア語・ラテン語対訳のアルキメデス著作集として1544年にようやく出版されることになります．この頃にはアルキメデスの著作やその抜粋はいくつか出版されていましたが，この著作集はアルキメデスの著作の全貌をはじめて明らかにした画期的な出来事で，アルキメデスへの関心をいっそう高めることになりました．

しかし，これは数学的に十分に検討されたとはいえない百年前の翻訳を，ほぼそのまま出版したもので，意味不明な箇所もあり，これでアルキメデスが近世によみがえったと言うには無理があります．むしろ，アルキメデスの数学を理解，吸収するという課題を当時の数学者に与えたものだったと言えます．

コンマンディーノとマウロリコ

　この課題は 1575 年までの 30 年間で解決されます．これにかかわった人々の中で，コンマンディーノ (1509-1575) とマウロリコ (1494-1575) の二人が特に重要です．どちらかといえばコンマンディーノは文献学者，マウロリコは数学者で，それぞれの得意な分野を生かしてアルキメデスの数学の解明につとめます．コンマンディーノは，古代末期のギリシアの数学者エウトキオスがまとめた『円錐状体と球状体について』など，注釈がないために理解が困難であったアルキメデスの著作を集めて 1558 年にラテン語訳を出版し，さらにメールベケの翻訳を利用して『浮体について』を 1565 年に出版します．

　この著作では，コラム 1 で見たように回転放物体の重心が軸の 3 等分点であることが使われています．ところがその証明はアルキメデスの著作のどこを探しても見つかりません．コンマンディーノは結局，この定理を自分で証明することにして，『立体重心論』という著作を書きます．これを読むと彼がアルキメデスの著作をよく勉強していたことが分かります．しかし肝心の回転放物体の重心の証明は議論の飛躍が多く，とても完全とは言えません．

　なお現在では，アルキメデスがこの定理を証明した著作『釣り合いについて』は存在したが失われたと考えられています．そしてコンマンディーノが知らなかった著作『方法』(命題 5) では仮想天秤を使ってこの事実を発見する方法が示されています．

この定理をはじめて正確に証明したのが，数学者としてはコンマンディーノよりずっと優秀だったマウロリコでした．それはやはり 1565 年頃のことと考えられています．この二人が奇しくもともに 1575 年に亡くなった頃にはアルキメデスの著作を理解・吸収するという作業は一応の完了をみたと言うことができます．

アルキメデスを越えたヴァレリオ

次の世代の課題は，すでに翻訳と適切な解説のついたアルキメデスの著作をもとに，その成果と方法を発展させることであり，実際，17 世紀前半には図形の求積，接線や重心の決定で多くの成果が得られます．これらは無限小幾何学と総称されますが，その方法や内容は多様で，とても紹介しきれません．

ここでは，アルキメデスの復興のお膝元のイタリアでの発展を，ヴァレリオとカヴァリエーリという二人の数学者について見ていきます．

ルカ・ヴァレリオ(1552-1618)は『立体重心論』(1604)という著作で，回転放物体だけでなく，回転楕円体や回転双曲体の切片の重心を決定しました．実はこれらの結果もアルキメデスの『方法』にあるのですが，何度も述べたようにこれは当時知られていなかったので，ヴァレリオは，はじめてアルキメデスを超える結果を得たと考えられたわけです．

しかもその議論の方法が注目されます．彼はもっぱら対称性のある平面図形か，回転体を扱います．重心は対称軸か回転軸上にあるので，軸上のどこに重心が落ちるかということが問題

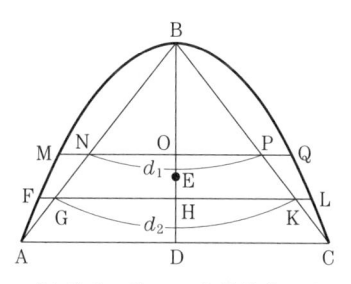

図 7.1 『立体重心論』. 回転放物体の重心決定.

です. そこで彼は高さが等しい2つの図形を比較し, その切り口が常に比例するならば(現代的にいえばそれらの相対的な質量分布が一致するならば), 重心の位置も一致することを証明したのです.

たとえば高さが等しい3角形 ABC と回転放物体 ABC を考えます(図 7.1 で放物線 ABC を BD の周りに回転して得られる回転放物体を想像します). これらを回転放物体の底面に平行な2平面で切ります. 3角形の切り口の線分を d_1 (=NP) と d_2 (=GK) とし, これに対応する回転放物体の切り口の円を S_1 (=円(MQ)) および S_2 (=円(FL)) とします. 放物線の性質と, 円が直径上の正方形に比例することから,

$$S_1 : S_2 = \mathrm{BO} : \mathrm{BH} = d_1 : d_2$$

であることは容易に確認できます.

つまり軸に垂直な任意の2平面で3角形と回転放物体を切ると, 切り口の面積はいつでも比例します. このような場合には, 2つの図形の重心は軸上の同じ点にある, という補助定理

をヴァレリオはあらかじめ準備しているのです．

これは現代の我々にとっては証明するまでもなく当然のことです．重心の位置の計算は積分によるわけですが，相対的な質量分布が一致するならば，重心を求めるときに積分すべき関数が一致するか，少なくとも一方が常に他方の定数倍になります．それならば積分計算の結果が違うはずはありません．

しかし，回転放物体と3角形はあくまで別の図形ですから，それらの重心が一致することは，証明が必要です．

実際，ヴァレリオは彼の補助定理を，二重帰謬法を利用して証明しています．また，議論の都合上，対象となる図形に対して，今日から見れば不要な条件を仮定しています．しかし，いったん補助定理が証明されれば，内接・外接図形も帰謬法も不要になり，重心決定のためには，各点における切り口の間の比例関係だけに注目すればよいことになります．すると図形そのものよりも，その量的性質に議論の重点が移行していきます．

この移行を端的に示すのが，ヴァレリオによる回転双曲体の重心決定です．ヴァレリオは，回転双曲体を円錐と回転放物体に分解します．その議論を代数的に表せば，$y^2=ax^2+bx$という双曲線の回転体を，$y^2=ax^2$という3角形の回転体(つまり円錐)，および$y^2=bx$という放物線の回転体へと分解することに相当します．ヴァレリオは代数的な表現は使いませんが，ここで円錐と回転放物体という2つの立体が導入される理由は，それぞれax^2とbx(2次と1次の項)に相当する量的性質を持つためで，図形の形状そのものに意味があるわけではありません．

ヴァレリオが知らなかったアルキメデスの『方法』も内接・外接図形を利用せずに，各点における切り口の間の比例関係に着目するものでした．さらにアルキメデスは天秤の釣り合いを得るために，円錐などの図形を後から追加することもありました（『方法』命題 2．p.101）．ヴァレリオとの類似には驚かされますが，求積や重心決定の探求は必然的に，図形からその量的性質だけを抽出して議論する方向へ向かうということでしょう．

　しかしヴァレリオの議論には，もう一つ，伝統を打ち破る決定的な新しさがありました．彼の補助定理の対象となる図形は，対称軸あるいは回転軸のある「任意の図形」です．つまり，特定の性質をみたす一群の図形をまとめて考察の対象としたのです．これは当たり前に見えますが，重要な革新でした．ギリシアでは，幾何学とは個々の図形の性質を論じることであり，特定の性質をみたす「任意の図形」という概念はなかったのです．第 6 章で分析した『方法』の最後の命題でも，アルキメデスの探求はまず個別の図形に向かうものでした．

　しかしヴァレリオの新たな一歩は，アルキメデスの著作にヒントを得たものと思われます．『円錐状体と球状体について』は 3 種類の円錐曲線の回転体の求積を行なっていますが，内接・外接図形の作図は 3 つの立体に共通な 1 つの命題で行なわれています．求積そのものは同じ議論が 3 種類の図形に対して繰り返されるだけですが，これも同じ方法が適用できる複数の立体の存在を印象づけます．ヴァレリオは，特定の性質をみたす「任意の図形」という概念をここから引き出したのでし

ょう．

壮大な袋小路——カヴァリエーリの幾何学

こうしてヴァレリオとともに，数学はついに古代ギリシアの最高の到達点を越えて，その探求の対象は，図形からその量的関係へと転換していくことになります．

ヴァレリオは自らの方法を，これこそ王の道であると誇らしげに述べています．かつてユークリッドが語ったとされる「幾何学には王の道（＝容易な方法）はない」という言葉を念頭に置いているわけです．

彼の開いた道は，多くの成果を約束する輝かしいものに見えました．この道の先に微積分に代表される近代数学がある，と思いたくなりますが歴史はそれほど簡単ではありません．それはかなりの成果をもたらしたものの，結局は行き止まりの袋小路だったのです．それが判明するには 17 世紀前半の半世紀が必要でした．いったい何がヴァレリオの方法の発展を阻んだのでしょうか．彼の方法の後継者であり，最も豊かな成果をあげたカヴァリエーリ（1598-1647）について見ていきましょう．

カヴァリエーリの原理

アルキメデスの『方法』命題 14 と，ヴァレリオの重心決定に共通するのは，内接・外接図形を作らずに，各点での比例関係を調べるだけで結論を得ようとすることです．そのためにアルキメデスは有限個の量に対する補助定理を無限個の量に（断りなしに）拡張し，ヴァレリオは非常に複雑な補助定理に面倒

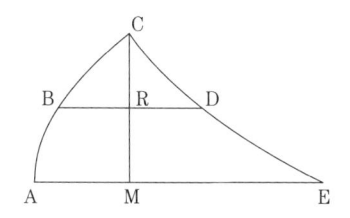

図 7.2 カヴァリエーリの「不可分者」.

な議論を一切合財押し込めてしまいました．

これに対してカヴァリエーリは，各点における切り口の比例関係に着目するヴァレリオの重心決定の議論を，思い切り一般化して面積・体積決定の基本原理にしてしまいます．

カヴァリエーリの原理として知られる彼の基本的な命題を，彼の主著『不可分者による連続体の幾何学』(1635)で見てみましょう．同じ高さの図形 CAM と CME を比較します(図 7.2)．底辺 AE に平行な任意の直線 BD で両方の図形を切ったとき，切り口の線分が，つねに底辺に比例して

$$AM : ME = BR : RD$$

が成り立つなら(この図では絶対そうならないはずですが)，図形全体も同じ比になって

$$CAM : CME = AM : ME$$

であることを主張します(図形が立体で切り口が平面図形のときも同様です)．

その根拠はつまるところ，図形 CAM を，BR のような切り

口の線分を全部集めた「すべての線」と同一視するところにあります．彼はこの切り口を「不可分者」と呼び，これがカヴァリエーリの幾何学の代名詞として使われます．これはアルキメデスの『方法』命題 14 の議論と似ています．さらに，「すべての線」の比が個々の線分の比 BR : RD と同じになることを論じる際には，有限個の比例に関する定理の類推に頼っています．これもアルキメデスの補助定理の拡張と同じ考え方です．アルキメデスの『方法』は近世に伝わっていなかったのですから，この類似には驚かされます．

さて，この例は 2 個の図形の切り口の比が一定というものでしたが，アルキメデスの『方法』命題 14 のように，4 個の図形の切り口が常に比例するが，比は一定ではない場合でも，それらの切り口全体に比例関係が成り立つことをカヴァリエーリは証明しています．これはアルキメデスがこの命題で行なった議論の一般化です．こうした定理から，カヴァリエーリは実に多くの結果を得ています．その一例をあげれば，非常に巧妙な議論を積み重ねて，2 次関数の積分

$$\int x^2 dx = \frac{1}{3} x^3$$

に相当する結果を得て，さらに高次の場合も扱い，最後に類推によって

$$\int x^n dx = \frac{1}{n+1} x^{n+1}$$

に相当する主張をしています．

カヴァリエーリの限界

　カヴァリエーリの議論は明らかに，図形そのものよりも，その量的関係を対象としたものでした．ところが彼はあくまでその議論を，図形にかかわる幾何学の議論として述べたのでした．そのため，彼の文章は非常に煩雑です．たとえば，上で述べた命題の，平面図形に関する部分の要点だけを取り出して訳してみます．

> 2つの平面図形が，高さが同じであるように置かれ，互いに平行な任意の直線が引かれて，引かれた直線が（上述の2つの）平面図形によって切り取られる部分が，比例する量であるならば，上述の（2つの）図形は，互いに対して，前項の任意の1つが，他方の図形の中でそれに対応する，後項に対するように対することになる（『不可分者による連続体の幾何学』第2巻命題4から抜粋）．

　我々はこれに相当することを（まったく同じではないにしても）

$$\int_a^b kf(x)dx = k\int_a^b f(x)dx$$

という，たった1行の積分の式で書いてしまいます．この式には図形もその位置もありませんが，必要に応じて座標を設定して，この量的関係を図形に結びつけることができます．実に無駄のない表現だといえるでしょう．しかしカヴァリエーリは彼の独特の「幾何学」に固執しました．その表現はどんどん複

雑になります．彼の著作は研究者の間では読むに堪えない煩雑さで有名です．

彼の幾何学が結局は「壮大な袋小路」に終わった理由はいろいろありますが，主要な理由の一つが，図形とはもはや直接関係のない量的関係を，幾何学の言葉で述べようとしたという，表現と対象のミスマッチにあったことは明らかです．新しい酒はやはり新しい革袋に盛らねばならなかったのです．

ウォリスの算術的アプローチ

新しい革袋とは何でしょうか．彼とまったく違う算術的アプローチで求積法を展開したウォリスの著作を見てみましょう．ニュートンの先駆者として知られるイギリスのウォリス(1616-1703)の『無限算術』(1656)の議論は，カヴァリエーリと比較すると大変軽快な印象を与えます．

たとえば彼は

$$\frac{0+1}{1+1} = \frac{1}{3} + \frac{1}{6}, \quad \frac{0+1+4}{4+4+4} = \frac{1}{3} + \frac{1}{12}$$

$$\frac{0+1+4+9}{9+9+9+9} = \frac{1}{3} + \frac{1}{18}$$

といった計算から，ここでの項の数が無限のときはこの比が3分の1であると結論し，そこから放物線の求積を行なっています．ギリシア数学の証明の基準からいえばこんな議論は論外ですが，その有効性と効率性は明らかです．

ウォリスがカヴァリエーリと根本的に違う点は，図形から出発して証明を展開するのでなく，数から出発して計算を進めて

いき，場合によってはその結果を図形にも応用するというところにあります．これは新しい時代の数学のスタイルを端的に示すものです．カヴァリエーリが縛られていた幾何学の伝統からウォリスは驚くほど自由で，無限に関する議論に計算を巧みに結びつけ，多くの成果を得ています．

アルキメデスと微積分学

　アルキメデスの数学の復興を追って 17 世紀の半ばまで来てしまいました．すると気になるのは微積分学の成立との関係です．アルキメデスの主要な業績は，求積法と重心決定です．これは近代以降は積分法によって解決される問題ですから，アルキメデスはどこまで積分法に近づいていたのかと問うのは自然なことでしょう．

　微積分学は 1660 年代にニュートン（1642-1727）によって，その 10 年ほど後にライプニッツ（1646-1716）によって独立に発明されました．これは，それだけで本書の何倍ものスペースを必要とする大きなテーマですが，ここでは近世におけるアルキメデスの数学の復興との関連にしぼって考えてみます．

　最初に無限の扱いについて注意しておきましょう．微積分というと無限の扱いがいつも問題になります．しかし無限についての考察が深まった結果として微積分が生まれたわけではありません．数学は結局のところ有限の論証の連鎖から成るものであり，微積分に限らず，数学は無限そのものを考察の対象にするのではなく，有限な論証で実質的に無限を扱う有効なテクニックを発展させるものです．だから，無限を大胆に扱えばそれ

だけ近代的であるとか，微積分に近づいたということにはならないことに注意する必要があります．

アルキメデスから学んだもの

さて，アルキメデスの著作で最も重要なものは二重帰謬法による求積のテクニックです．これが近世の求積法の出発点であり，厳密性のよりどころであったことは間違いありません．アルキメデスを学んだ数学者たちの課題は，この厳密性を評価しつつも，その煩雑さという欠点を克服して，より多くの図形の求積を行なうことでした．

しかし，アルキメデスの影響を二重帰謬法だけに限定し，近代がその煩雑さを克服したとだけ見るのはあまりに表面的です．第4章で見たアルキメデスの後期の著作『円錐状体と球状体について』では，議論の対象が幾何学的図形から，そこに現れる量的関係へと移行しつつあります．アルキメデス自身にはその認識が乏しかったことを我々は第6章の交差円柱の扱いで確認しましたが，ヴァレリオのような近世の数学者はそういうヒントを受け取ったのでした．これは非常に重要なことです．なぜなら，図形自体から量的関係への対象の移行は微積分学の，そして近代数学の不可欠な要素だからです．

図形から量への移行

そもそも微積分学と，それ以前の求積法や接線決定法との区別は何かと考えれば，基本的に次の2点があげられるでしょう．(1)接線決定(微分)と求積(積分)とが逆の操作であるとい

う認識．(2)これらの操作を個別の図形に対していちいち証明しながら行なうのでなく，操作の方法がアルゴリズムとして確立していること．この第2点は必然的に，微積分の対象が図形そのものから図形の量的性質・関係を代数的に記述したもの(つまり関数)に移行することを意味します．

近世イタリアのアルキメデスの後継者たちには第1点の認識はありません．しかし第2点の対象の移行に関しては，彼らの貢献を見逃すわけにはいきません．ヴァレリオやカヴァリエーリは，求積や重心決定に関して多くの結果を得ただけではありません．これらの問題に影響するのは，図形の見た目の形状ではなく，それらの量的関係だけであるという認識が，彼らの著作では明確になります．この方向への発展がなかったら，図形よりもその量的関係(関数)を対象とする微積分学は生まれえなかったでしょう．これが近世イタリアの数学者たちの業績と言えるでしょう．

そしてこういった革新は，アルキメデスの著作を学ぶことから生まれました．しかし『方法』の最後の命題からも分かるように，アルキメデス自身は，図形をまず量的関係から考察していたわけではありません．アルキメデス自身の数学と，その著作を後に読んだ近世の数学者がそこから学んだこととは，微妙に，しかし決定的に異なっていたわけです．

新しい数学は辺境から

こうして近世イタリアの数学を，図形から量への転換の第一歩ととらえると，逆に微積分学の発明がイタリアでなされなか

ったのはなぜかと問いたくなります．もちろん，微積分学はここでは扱わなかった多くの近世・近代の数学者の多様な理論・成果があって可能になったものですから，イタリアばかりを特別扱いするべきではないのですが，ヴァレリオやカヴァリエーリの貢献が無視できないことは事実です．しかし，彼らの著作を読むと，イタリアで微積分学が成立しなかった理由もまた，そこに隠されているように思われます．

　彼らは古典であるアルキメデスをよく知っていました．いや，知りすぎていました．そのため，本当は図形の量的関係を扱っているときでも，彼らの数学の表向きの対象はあくまで幾何学的図形でした．このため彼らの著作は非常に複雑で読みにくく，結局それは壮大な袋小路に終わってしまったわけです．この袋小路を打破し，微積分学が可能になる前提として，まず数学の対象そのものを，図形（幾何）から関数（代数）へと転換することが必要でした．それをなしとげたのは，たとえばここで見たウォリスのように，ギリシア数学の古典の伝統から比較的自由な人々であったわけです．

　極端に単純化して言えば，ギリシア数学の復興の中心地であったイタリアの数学者は伝統の重みで身動きできなくなり，新しい数学はその伝統から離れた，いわば辺境で生まれるしかなかったということになるでしょう．ニュートンやライプニッツを生んだイギリスやドイツを辺境と呼ぶのは極端ですが，ギリシア数学の伝統の重みがイタリアと同じではなく，古典数学のスタイルへのこだわりがそれほど強くなかったと考えることは可能でしょう．

辺境の数学者アルキメデスの数学は，再び辺境の数学者たちによって，その数量的側面が抜き出されて**微積分**というまったく新しい数学に作り変えられ，図形に対する論証から成る古典数学は，量(関数)に対する演算から成る近代数学にとって代わられることになったわけです．

参考文献

　アルキメデスの著作全体の翻訳は残念ながらありませんが，主要著作の命題の要約と関連資料を簡単に紹介している[1]は手頃で便利です．完全な翻訳があるのは『球と円柱について』の第1巻[2]と『方法』[3]のみです．佐藤徹氏によるこれらの翻訳には詳細な解説と文献目録があります．これ以降の文献目録と，『方法』の数学的内容や，写本のページ構成の分析については，林栄治氏と私の共著[4]をご覧下さい．

　アルキメデスの著作全体に関する本格的な解説としては，今でも[6]（英文）が最初に参照すべき文献です．C写本の最近の研究・解読の成果は，2007年に出版されて，日本語を含む多くの言語に訳されて評判になった[7]で紹介されています．そして2011年に専門家向けの決定版[8]が出版されています．

　古代のシュラクサイとシチリアの歴史については[5]がすぐれた概説です．またヘロドトス，トゥキュディデス，プルタルコスなど多くの古典を引用しましたが，これらの翻訳は主に「西洋古典叢書」（京都大学学術出版会）によりました．

[1] 三田博雄訳「アルキメデスの科学」『世界の名著9：ギリシアの科学』所収．中央公論社(1972)．
[2] 伊東俊太郎編，佐藤徹訳『アルキメデス』科学の名著第Ⅰ期第9巻．朝日出版社(1981)．
[3] 佐藤徹訳・解説『アルキメデス方法』東海大学出版会(1990)．
[4] 林栄治，斎藤憲『天秤の魔術師アルキメデスの数学』共立出版(2009)．
[5] 桜井万里子「異形のギリシア世界——シチリア」『岩波講座世界歴史4　地中海世界と古典文明』(1998)所収．
[6] Dijksterhuis, E.J., *Archimedes*. Copenhagen: Ejnar Munksgaar. Reprint With a new bibliographic essay by Wilbur R.

Knorr. Princeton: Princeton University Press, 1987（オランダ語版初版は 1938 年）.

[7] Reviel Netz and William Noel, *The Archimedes Codex: Revealing the Secrets of the World's Greatest Palimpsest*. Longon: Weidenfeld & Nicolson, 2007. 日本語訳.『解読！ アルキメデス写本：羊皮紙から甦った天才数学者』リヴィエル・ネッツ，ウィリアム・ノエル著. 吉田晋司監訳. 光文社(2008).

[8] Reviel Netz, William Noel, Natalie Tchernetska and Nigel Wilson eds., *The Archimedes Palimpsest*, 2 Vols., Cambridge University Press, 2011.

あとがき

　アルキメデスについて伝わるものは，ギリシア語で 500 ページほどの，テクニカルで難解な著作と，研究に集中するあまり我を忘れる奇人で，かつ天才技術者であったという断片的な逸話です．この人物について何かを書くとなると，どうしても逸話を面白おかしく紹介し，著作の方はその結論だけ見せるということになりがちです．

　しかし小さくてもアルキメデスを表題に持つ本である以上，ここから一貫性のある人物像を描き出し，また著作の数学的議論を分析して，彼の数学史での意義を示したいと考えました．数学史は私の専門ですが，問題は人物像の構築です．シュラクサイの歴史を概観して，誇り高き辺境の都市の市民としてアルキメデスを位置づけてみました．私としてはこのアルキメデスが気に入っているのですが，確実な資料的根拠があるわけではありません．数十年ごとに僭主が入れ替わったシュラクサイで，母国に誇りを持つ市民というものを想定しえるのか，という反論も可能です．古代人の心の中を推し量るのは，その頭の中にあった数学を再構成する以上に難しいことです．とはいえ，シュラクサイのアルキメデスのたゆまぬ活動を支えたのは，自己の才能・力量への信頼とヒエロン王への忠誠心だけではなかったと思うのです．

　旧版執筆時も，今回の改訂でもいつも念頭にあったのは，筆者の大学院の先輩で，世界的なアルキメデス研究者であった

佗藤徹氏のことでした．佗藤氏は，アルキメデスのC写本が再登場する少し前に，勤務先の大学を早々と退職されました．悠々自適の隠棲生活に入られたようで，その後の研究の進展をどう見ておられるのかも筆者には分かりません．本書執筆中に頭を悩ますたびに，佗藤さんならどういう視点からこの問題にアプローチするだろうか，と考えたものです．佗藤さんがどこかで本書を開いて「そうか，うーん，すごいね」(これは検討に値するという意味で，決して同意の印ではないのですが)，などと笑って下さることを期待しております．

　最後に，新版の刊行の決定，具体的な目次の組み立てと執筆にあたっては，本書の旧版，そしてやはり科学ライブラリーに収めた『ユークリッド『原論』とは何か』に引き続いて，今回も岩波書店の吉田宇一氏の助言に大いに助けられました．発散しがちな私の発想がコンパクトな書物にまとまったことに，この場を借りて感謝したいと思います．

斎藤 憲

1958年生まれ．1980年東京大学教養学部卒業(科学史科学哲学)．1982年東京大学文学部卒業(イタリア語イタリア文学)．1990年東京大学大学院理学系研究科博士課程(科学史科学基礎論)修了．理学博士．千葉大学文学部助教授，大阪府立大学総合科学助教授，人間社会学部助教授・准教授を経て，2011年より同大学人間社会学部教授．専攻はギリシア数学史．著書として，『ユークリッド『原論』の成立』(東京大学出版会)，『ユークリッド『原論』とは何か』(岩波書店)，訳書として，『ピュタゴラス派』(B. チェントローネ著，岩波書店)，『数はどこから来たのか』(E. ジュスティ著，共立出版)，『エウクレイデス全集』(共訳，東京大学出版会)などがある．

岩波 科学ライブラリー 232
アルキメデス『方法』の謎を解く

2014年11月7日　第1刷発行

著　者　斎藤　憲（さい とう　けん）

発行者　岡本　厚

発行所　株式会社 岩波書店
〒101-8002 東京都千代田区一ツ橋2-5-5
電話案内 03-5210-4000
http://www.iwanami.co.jp/

印刷 製本・法令印刷　カバー・半七印刷

Ⓒ Ken Saito 2014
ISBN 978-4-00-029632-8　Printed in Japan

Ⓡ〈日本複製権センター委託出版物〉　本書を無断で複写複製(コピー)することは，著作権法上の例外を除き，禁じられています．本書をコピーされる場合は，事前に日本複製権センター(JRRC)の許諾を受けてください．
JRRC　Tel 03-3401-2382　http://www.jrrc.or.jp　E-mail jrrc_info@jrrc.or.jp

● 岩波科学ライブラリー〈既刊書〉

小豆川勝見
224 **みんなの放射線測定入門**
本体 1200 円

理系の大学院生でも大半がよく知らない放射線の測定法．機器があっても誰でも正確に測れるわけではない．なぜ放射線測定は難しいのか．また除染をすればそれで終わりなのか．今後のことも含め徹底的にかみくだいて説明します．

岩波書店編集部 編
225 **広辞苑を３倍楽しむ**
カラー版 本体 1500 円

コンペイトー，錯視，ピタゴラスの数，籾蔓，猩猩，レプトセファルス，野口啄木鳥……．『広辞苑』の多種多様な項目から「話のタネ」を選んだ．各界で活躍する著者たちの科学にまつわるエッセイを，美しい写真とともに紹介．

大槻 久
226 **協力と罰の生物学**
本体 1200 円

排水溝のヌメリから花と昆虫，そしてヒトの助け合いまで．容赦ない生存競争の中，生きものたちはなぜ自己犠牲的になれるのか．「協力」の謎に挑んだ研究者たちの軌跡と，協力の裏にひそむ，ちょっと怖い「罰」の世界を生き生きと描く．

有賀克彦
227 **材料革命ナノアーキテクトニクス**
本体 1200 円

原子・分子レベルで出現する性質を利用して，ナノ構造どうしが連携しあって機能する新材料を構築するのがナノアーキテクトニクス．原子スイッチから貼る制癌剤まで，ナノテクノロジーの次にくる近未来の科学技術を見通す．

神﨑亮平
228 **サイボーグ昆虫，フェロモンを追う**
本体 1200 円

米粒ほどの小さな脳でありながら，優れたセンサと巧みな行動戦略で，工学者に解けなかった難題をこなす．そんな昆虫脳のはたらきが，ひとつひとつのニューロンをコンピュータ上にモデル化することで明らかになってきた．

市川光太郎
229 **ジュゴンの上手なつかまえ方**
海の歌姫を追いかけて
カラー口絵２丁 本体 1300 円

その姿からは想像できない美しい「歌声」に魅せられた若き研究者は，野生のジュゴンを追いかけて世界の海へ．録音，分析，観察，飛び乗って……つかまえる？ 科学と冒険が，誰も知らなかったジュゴンの謎を明らかにする！

倉持 浩
230 **パンダ** ネコをかぶった珍獣
〈生きもの〉
カラー版 本体 1500 円

かぶりもの？ いいえ，生きものです！ シロとクロの理由，妙に丸い顔，タケで生きている不思議……パンダの謎は奥深い．飼育係としてパンダを見続けてきた著者が，繁殖の舞台裏や最新の研究知見を交えつつ，生きものとしてのパンダの全貌をストレートに語る．

吉崎悟朗
231 **サバからマグロが産まれる!?**
本体 1200 円

クロマグロの生息数が激減するなか，サバを代理の親にして増やそうという驚きの研究がある．クニマスなど絶滅危惧種の保全への応用も実現し，国内外から注目されている．魚をこよなく愛する研究者たちのあくなき挑戦を紹介する．

定価は表示価格に消費税が加算されます．2014 年 11 月現在